Python Foundation and Office Automation Application

Python 基础与办公自动化应用

微课版

高登 ◎ 主编
敖凌文 廖瑞映 ◎ 副主编

人民邮电出版社
北京

图书在版编目（C I P）数据

Python基础与办公自动化应用 : 微课版 / 高登 主编. -- 北京 : 人民邮电出版社, 2022.9
工业和信息化精品系列教材. Python技术
ISBN 978-7-115-20395-3

Ⅰ. ①P… Ⅱ. ①高… Ⅲ. ①软件工具－程序设计－高等学校－教材②表处理软件－高等学校－教材 Ⅳ. ①TP311.561②TP391.13

中国版本图书馆CIP数据核字(2021)第271169号

内 容 提 要

本书详细介绍了 Python 的基础知识，以及 Python 在办公自动化、大数据技术、人工智能技术等方面的应用，是一本注重实践、突出培养读者动手能力的教材。

本书共 11 个项目，分为基础篇、办公自动化应用篇、拓展学习篇，内容包括 Python 入门、Python 运算符与表达式、Python 循环与判断、Python 数据类型、Python 函数与模块、Python 正则表达式与爬虫、使用 Python 处理 Excel 文件、使用 Python 处理 Word 与 PDF 文件、使用 Python 处理图像、数据处理与数据可视化、使用机器学习算法对电影分类。

本书适合作为高等教育本、专科院校计算机相关课程的教材，也可供 Python 爱好者自学使用。

◆ 主　　编　高　登
副 主 编　敖凌文　廖瑞映
责任编辑　范博涛
责任印制　焦志炜

◆ 人民邮电出版社出版发行　　北京市丰台区成寿寺路 11 号
邮编　100164　　电子邮件　315@ptpress.com.cn
网址　https://www.ptpress.com.cn
山东华立印务有限公司印刷

◆ 开本：787×1092　1/16
印张：11.5　　2022 年 9 月第 1 版
字数：283 千字　　2025 年 1 月山东第 6 次印刷

定价：49.80 元

读者服务热线：(010)81055256　印装质量热线：(010)81055316
反盗版热线：(010)81055315
广告经营许可证：京东市监广登字 20170147 号

前言 PREFACE

本书在编写的过程中，结合党的二十大精神进教材、进课堂、进头脑的要求，将知识教育与思想品德教育相结合，通过案例学习加深学生对知识的认识与理解，让学生在学习新兴技术的同时了解国家在科技发展上的伟大成果，提升学生的民族自豪感，引导学生树立正确的世界观、人生观和价值观，进一步提升学生的职业素养，落实德才兼备、高素质和高技能的人才培养要求。

随着人工智能与大数据技术的兴起，Python 已经成为世界上流行的编程语言之一，与其他编程语言相比，Python 具有一系列优势：语法简洁、代码开源、跨平台运行、社区活跃、拥有丰富的第三方库等。Python 的应用十分广泛，其在办公自动化、数据分析、Web 开发、人工智能等领域都有不错的表现。

◆ 读者对象

随着 Python 在社会各个领域的应用逐步深入，越来越多的高校将 Python 作为重点教学内容。除计算机相关专业开设有相关课程外，非计算机相关专业也正在逐步开设 Python 课程。本书正是为了满足非计算机相关专业读者对 Python 课程的需求而编写的，更加突出 Python 的相关应用，帮助非计算机相关专业读者学会运用 Python 解决学习、工作和生活中遇到的各种问题。

◆ 本书特点

1. 理论与实践紧密结合，提供丰富的练习以供读者训练编程思维。
2. 简洁、易懂，适合非计算机相关专业的读者。
3. 校企合作，由有多年教学经验的高校老师与企业开发者合作编写。
4. 配套学习视频、源代码和电子教案，读者可登录人民邮电出版社教育社区（www.ryjiaoyu.com）免费下载。
5. 配套拓展学习平台——编程胶囊，该平台以闯关的形式提供在线编程环境，让读者使用手机也能编程。扫描下方二维码即可访问。

◆ 内容介绍

本书使用的 Python 版本为 3.8.1。本书共 11 个项目，项目一般由项目场景、项目任务（含课后练习）、项目小结、项目习题 4 个部分组成。

微课视频

本书分为 3 篇，项目一至项目五为基础篇，主要介绍 Python 的安装、基础语法、运算符、条件判断语句、循环语句、数据类型、错误处理、字符串、函数、模块等内容；项目六至项目九为办公自动化应用篇，通过真实的项目介绍爬虫、批量处理 Excel 文件、批量处理 Word 和 PDF 文件、批量处理图像等；项目十和项目十一为拓展学习篇，主要介绍大数据和人工智能领域的基础概念，以及 Python 在大数据和人工智能领域的简单应用。

本书内容从易到难、层层深入，通过项目学习，读者可了解编程的应用。书中大多数任务都设有相应的练习，以帮助读者巩固所学知识。

本书由高登任主编，敖凌文、廖瑞映任副主编，肖立成（湖南牛数商智信息科技有限公司项目总监、大数据技术总监）参加编写。

由于编者水平有限，书中不妥或疏漏之处在所难免，殷切希望广大读者批评指正，并于百忙之中及时与编者联系，以便尽快更正，编者将不胜感激。

编者

2023 年 7 月

目录

CONTENTS

基础篇

办公自动化应用篇

拓展学习篇

基础篇

项目一 Python 入门

项目要点

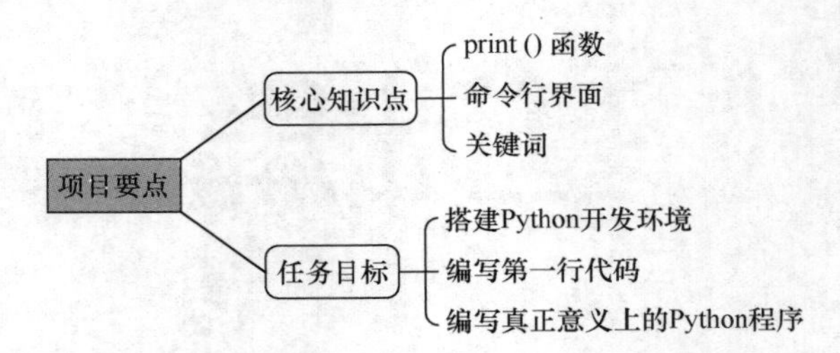

项目场景

小明的学校这个学期来了 8 位留学生。学校为留学生们单独开设汉语言课，强化汉语学习，以解决专业学习中的交流障碍。小明偶尔也会和他们用英语进行简单的交流。当我们想要主动与使用不同语言的人沟通的时候，需要使用双方都能听懂的语言。假设，现在你想让计算机帮你做一些事情，那你该如何与它进行沟通？

答案很简单，你需要用计算机能“听懂”的语言才能与它沟通。

问题来了，计算机能听懂什么语言？计算机能听懂的语言其实有许多，例如 C、C++、Java、Python 等。这些被我们称为程序设计语言。在这里我们介绍其中一种语言——Python。

Python 是由荷兰人吉多·范罗苏姆（Guido van Rossum）在 1989 年设计的一种计算机程序设计语言。它是一种动态的、面向对象的语言。经过多年的发展，Python 已经成为最受欢迎的程序设计语言。由于 Python 具有简洁性、易读性和可扩展性，国内外用 Python 进行科学计算的研究机构日益增多。当然不仅仅是科学计算，Python 还能完成许多领域的工作，举例如下。

（1）Web 开发；

（2）大数据应用；

（3）人工智能应用；

（4）桌面界面开发；

（5）软件开发；

（6）后端开发；

（7）网络爬虫应用。

本项目将带领你了解如何使用 Python，了解 Python 编程，以及教你如何编写代码。

微课视频

任务 1.1　搭建 Python 开发环境

在正式学习 Python 之前，需要搭建 Python 的开发环境。Python 是跨平台的开发工具，可以在多种操作系统（如 Windows、macOS、Linux 等）上进行编程，Python 程序也可以在不同的操作系统上运行。

本任务以 Windows 10 操作系统为例，介绍搭建 Python 开发环境的过程，具体步骤如下。

（1）下载 Python 安装包；

（2）安装 Python；

（3）验证 Python 是否安装成功。

1.1.1 下载 Python 安装包

在 Python 的官方网站上，可以很方便地下载 Python 的安装包，具体步骤如下。

（1）打开浏览器，访问 Python 官网，如图 1–1 所示。

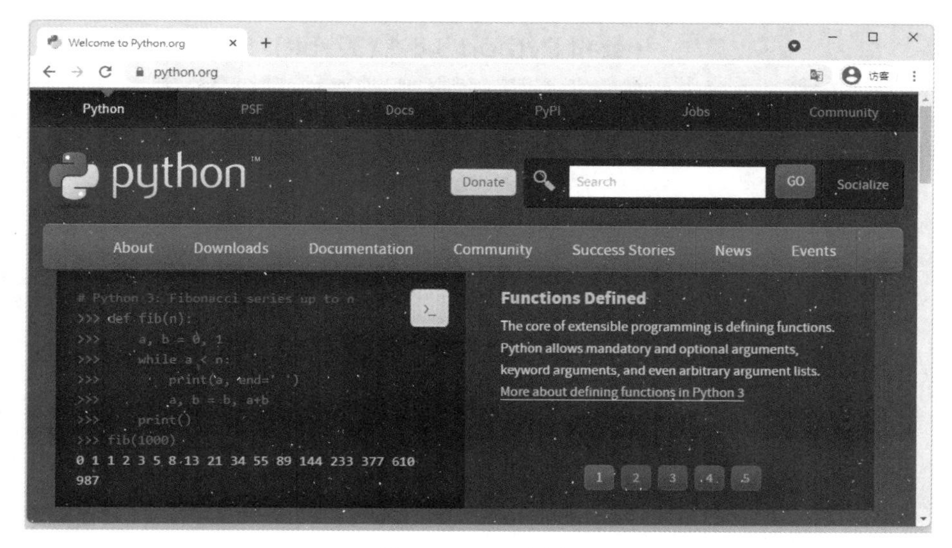

图 1-1　Python 官网

（2）Python 官网提供的版本有很多，本书使用的是 3.8.1 版。在网页上将鼠标指针移动到“Downloads”选项上，会弹出图 1–2 所示的界面，可单击“Python 3.8.1”按钮进行下载。

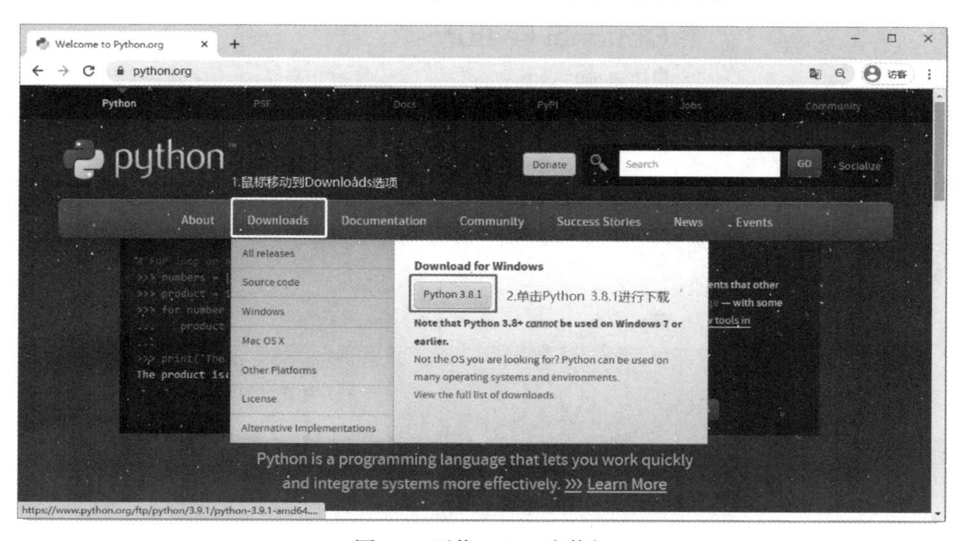

图 1-2　下载 Python 安装包

（3）下载完成后，浏览器可能会自动提示“此类型文件可能会损害您的计算机，您仍然要保留吗？”，遇到这种情况单击“保留”按钮即可，最后将得到一个名称为“python-3.8.1.exe”的文件。

1.1.2 安装 Python

在 Windows 10 操作系统上安装 Python 的步骤如下。

（1）运行下载好的“python-3.8.1.exe”文件，勾选“Add Python 3.8 to PATH”（将 Python 添加到环境变量），然后单击“Customize installation”（自定义安装），如图 1-3 所示。

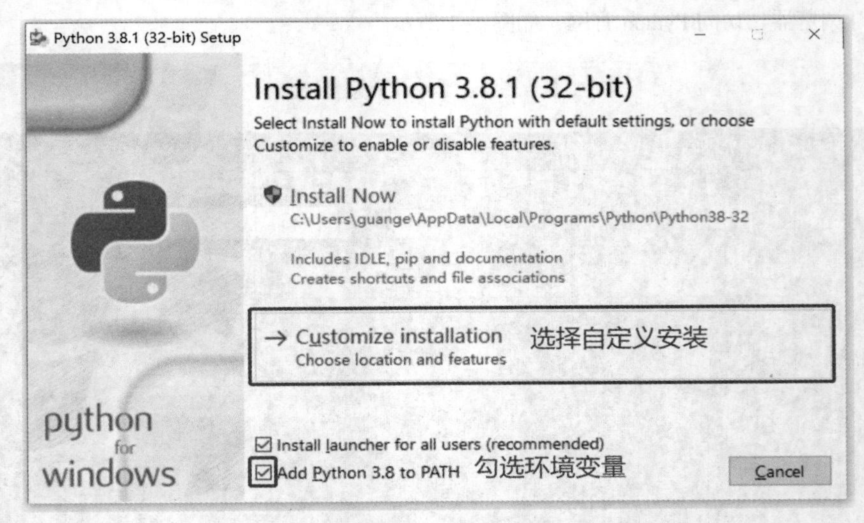

图 1-3　勾选环境变量并选择自定义安装

（2）选择自定义安装之后即可看到许多选项，将所有选项勾选，然后单击“Next”按钮进入下一步，如图 1-4 所示。

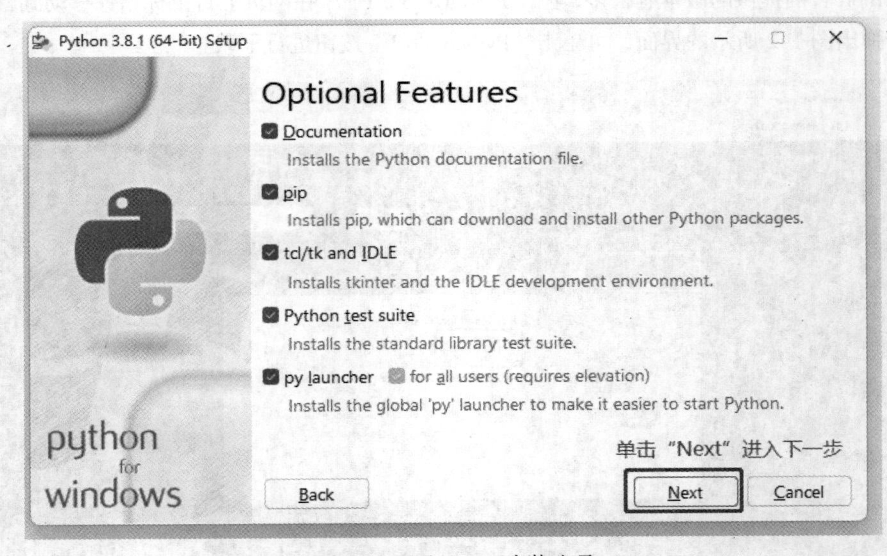

图 1-4　配置 Python 安装选项

（3）单击“Next”按钮之后可以看到另一些选项，这里还可以设置 Python 的安装路径，设置完成之后单击“Install”按钮即可开始安装，如图 1-5 所示。

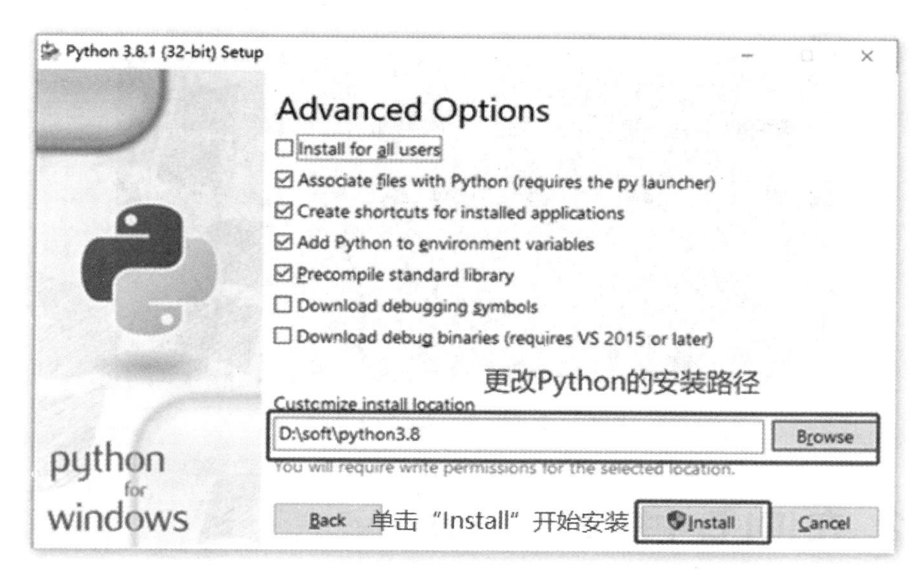

图 1-5　设置安装路径并开始安装

（4）安装完成之后将打开图 1–6 所示的窗口，单击“Close”按钮即可完成安装。

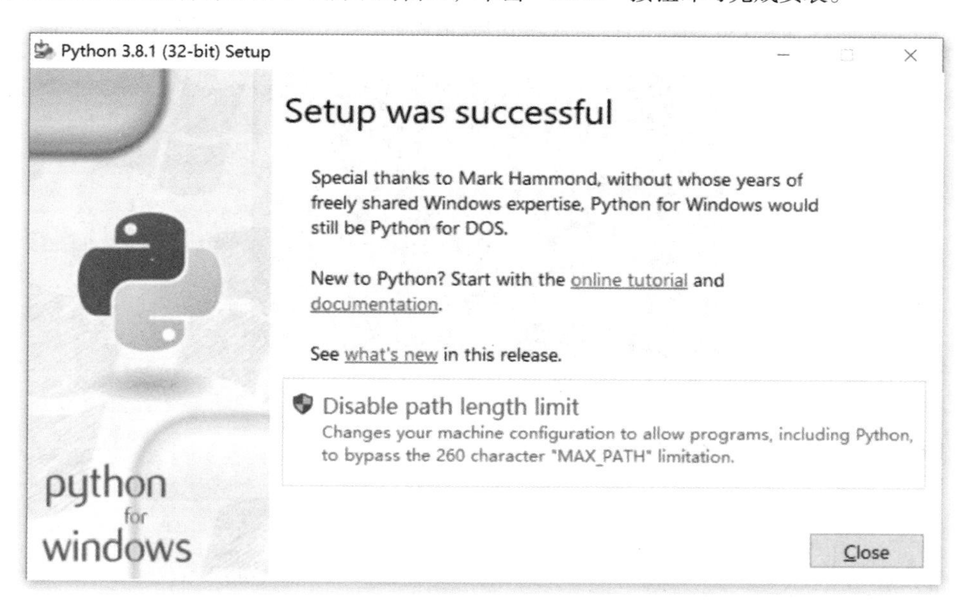

图 1-6　安装完成

1.1.3　验证 Python 是否安装成功

Python 安装完成之后，需要验证其是否安装成功。按“Windows+R”键，打开运行对话框，输入“cmd”，按“Enter”键，即可进入“命令提示符”窗口。

打开“命令提示符”窗口后输入“python”，然后按“Enter”键。如果出现图 1–7 中的信息，则证明 Python 已经安装成功，否则，需要尝试重新设置 Python 的环境变量，或者检查下载的 Python 版本与操作系统是否兼容，然后尝试重新安装。

```
C:\Windows\system32\cmd.exe - python
(c) Microsoft Corporation. All rights reserved.

C:\Users\63194>python
Python 3.8.1 (tags/v3.8.1:1b293b6, Dec 18 2019, 23:11:46) [MSC v.1916 64 bit (AMD64)] o
n win32
Type "help", "copyright", "credits" or "license" for more information.
>>> _
```

图 1-7　验证 Python 是否安装成功

任务 1.2　在 IDLE 中打开 Python

启动 Python 有两种方式，第一种方式已经介绍过，就是在“命令提示符”窗口中启动，第二种方式是在 IDLE 中启动 Python。要使用 IDLE，需要先启动它，那么如何启动 IDLE 呢？

安装完 Python 后，在“开始”菜单里可以找到 IDLE 的图标，如图 1–8 所示，单击图标即可启动 IDLE。

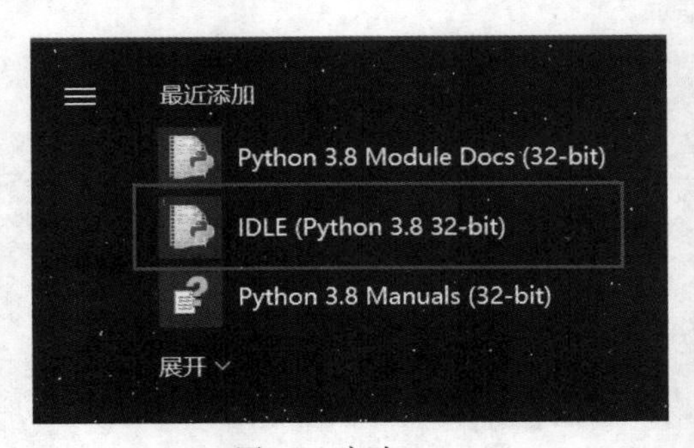

图 1-8　启动 IDLE

启动 IDLE 后出现的界面如图 1–9 所示。

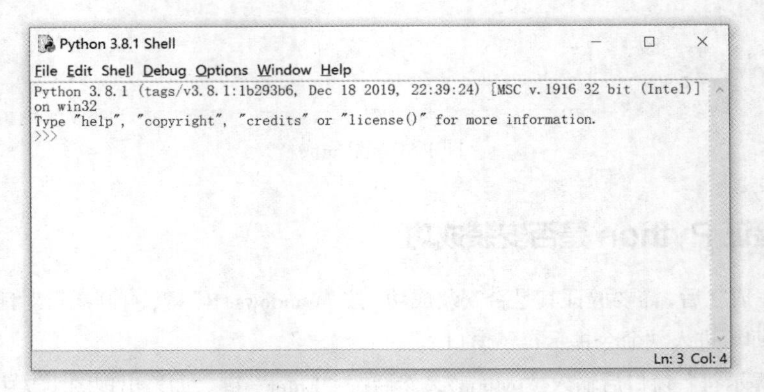

图 1-9　启动 IDLE 后出现的界面

可能你会有疑问，IDLE 是什么呢？

IDLE 是一个 Python Shell（Shell 的意思是“外壳”）。简单来说，你可以把 IDLE 理解为：通过输入文本与程序进行沟通的途径（一般也叫作命令行界面）。可利用 Python Shell 与 Python 进行沟通。

> **注意** 命令行界面，是一个用户只能通过键盘输入命令，而不能使用鼠标输入命令的界面。在命令行界面中用户输入一条命令并按“Enter”键，计算机就会马上执行。Python Shell 和 Windows 10 的“命令提示符”窗口都属于命令行界面。

任务 1.3　编写你的第一行代码

编程领域有一个传统，在刚开始学习一门语言的时候，要让计算机显示“Hello World!”，我们也会沿袭这个传统。

“Hello World!”可以理解为：欢迎来到编程世界！

下面让我们一起编写第一行代码。

在提示符“>>>”后面输入：print("Hello World!")（要使用英文圆括号和英文双引号）。

然后按“Enter”键（在命令行界面中，每输入一次命令都需要按“Enter”键）。

按“Enter”键之后，会得到图 1-10 所示的输出效果。

```
Python 3.8.1 Shell
File Edit Shell Debug Options Window Help
Python 3.8.1 (tags/v3.8.1:1b293b6, Dec 18 2019, 22:39:24) [MSC v.1916 32
bit (Intel)] on win32
Type "help", "copyright", "credits" or "license()" for more information.
>>> print("Hello World!")
Hello World!
>>> |
                                                            Ln: 5 Col: 4
```

图 1-10　输出效果

恭喜你！你已经在编程了！

你可能会有疑问，在 IDLE 中为什么会有一些文本的颜色与其他的文本不同？

这是因为 IDLE 想帮我们更好地理解输入的代码，以便区分代码的不同部分，例如 print("Hello World!")，其中 print()属于命令，而"Hello World!"属于具体的内容。

了解了这些，你可以尝试将 print 改为 pront，是不是 pront 不变色了，并且这个时候按“Enter”键并不会输出“Hello World!”，而是会出现图 1-11 所示的结果，提示代码运行出错。

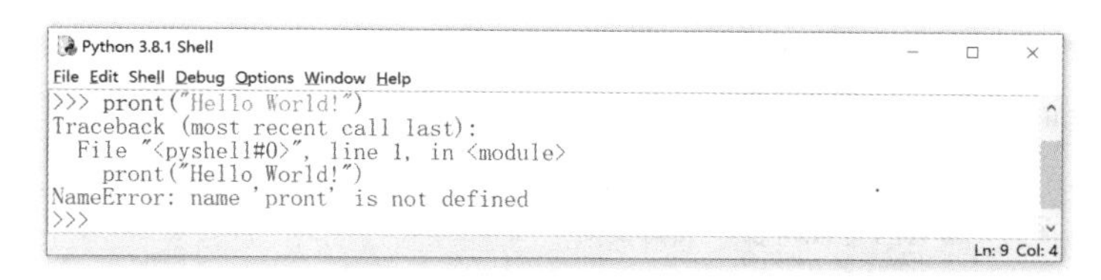

图 1-11　代码运行出错

其中红色的部分叫作错误提示，表示计算机“不懂”你输入的是什么。

在上面的例子中，print 被错误地拼写成 pront，导致程序报错，这个时候只需要重新输入“print("Hello World！")”，再按“Enter”键，程序就能正常输出结果。

你可能会思考，为什么 print 可以，而 pront 就不行呢？这是因为 print 是 Python 中的关键字，而 pront 不是。

> **注意** 关键字（Keyword）是 Python 中事先定义好的、具有特殊意义的单词，有时又叫保留字，例如本例中的 print 就是被定义的、具有输出功能的关键字，而 pront 则不是。

任务 1.4 了解 Python 的两个特点

现在你已经能编写一行简单的 Python 代码，但是要想让 Python 发挥更大的作用，你还需要了解 Python 的两个特点——“计算”与“重复做某事”。

（1）计算

假设现在需要你使用 Python 来计算 35 加 97 的结果，请问你该如何编写 Python 代码呢？

你可能会尝试编写图 1-12 所示的代码。

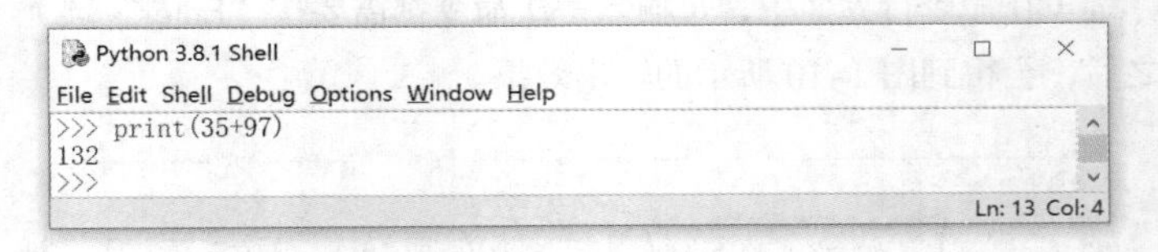

图 1-12 编写代码

没错，在 Python 中使用“+”号就可以进行加法运算了，计算机很擅长计算。

那么，除了加法，是不是也可以进行乘法运算呢？

接下来请你计算 5469 乘以 123456 的结果，你可能会编写这样的代码：

```
print(5469 x 123456)
```

但是当输入这段代码并且按“Enter”键，你会发现程序报错，如图 1-13 所示。

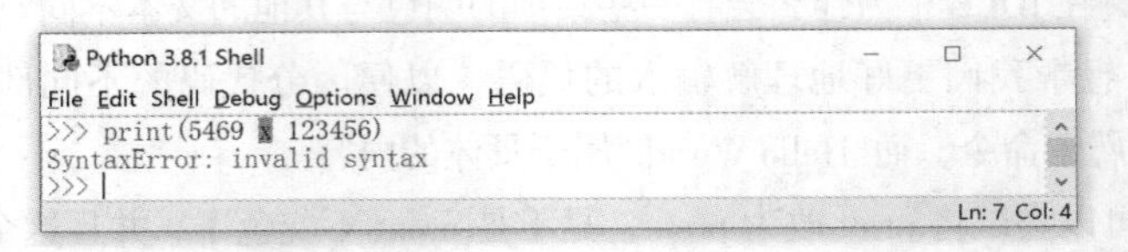

图 1-13 乘法的错误实现

在 Python 中进行乘法运算不能像数学中那样使用“×”运算符，而要使用“*”。

如果你要在 Python 中进行乘法运算就必须要习惯使用“*”运算符，如图 1-14 所示。

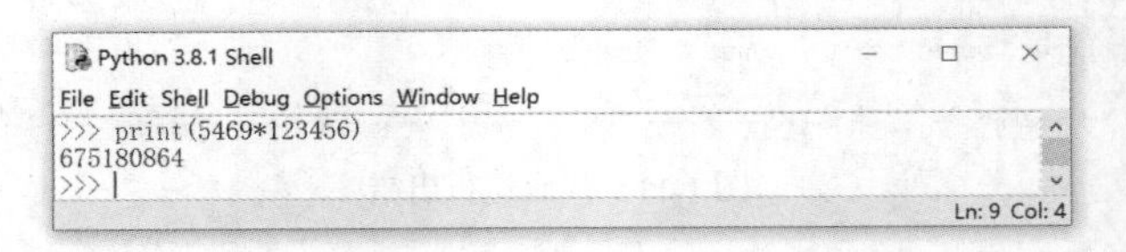

图 1-14 乘法运算

（2）重复做某事

除了进行计算，Python 擅长的另一项工作是——“重复做某事”，例如让 Python 重复输出 30 次“人生苦短，我用 Python”。“人生苦短，我用 Python”是要重复输出的内容，30 是重复的次数。在 Python 中，可以在 print 语句的括号中用输出内容乘以重复次数，运行 print 语句后得到重复输出的结果，如图 1–15 所示。

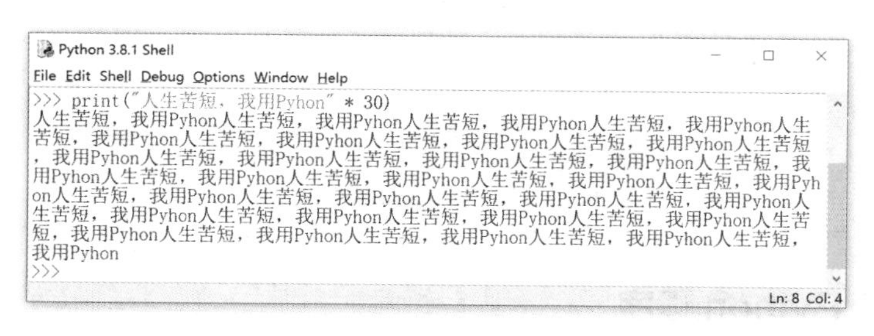

图 1-15　重复输出

这样看来，Python 是不是很有特色？在后面的项目中，你还会体会到 Python 更多的特点。

任务 1.5　编写真正意义上的 Python 程序

到现在为止，我们看到的例子都只是（Python Shell 下）单行的 Python 代码，通过这些代码可以查看 Python 能够做些什么。虽然用这种方式编写代码挺好，但这些例子并不是真正的程序。

刚刚我们在 Python Shell 中仅仅编写并运行了一行代码，这行代码没有保存，如果需要再次运行这行代码，则需要重新输入。

接下来我们学习编写一个 Python 程序，这个程序可以保存多行代码，并可执行多次。

1.5.1　创建 Python 代码文件

要编写 Python 程序，就需要用文件来存放 Python 代码（代码是程序员使用开发工具所编写的）。首先需要创建一个代码文件，打开 IDLE，然后选择“File”→“New File”，如图 1–16 所示。

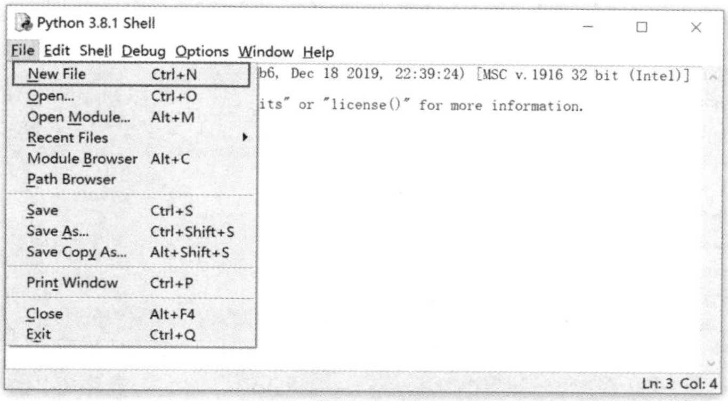

图 1-16　创建 Python 文件

这样就创建了一个空 Python 代码文件，如图 1–17 所示。

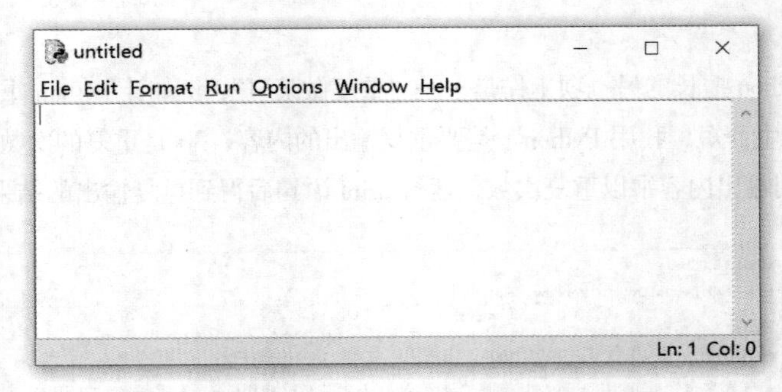

图 1-17　空 Python 代码文件

1.5.2　运行 Python 程序

创建好 Python 代码文件之后就可以在文件中编写代码了，如图 1–18 所示。

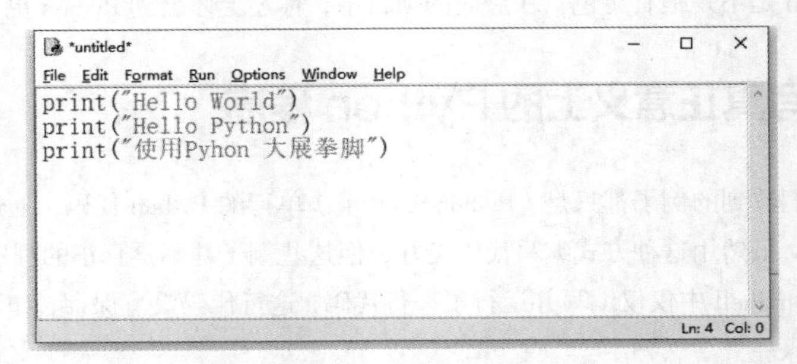

图 1-18　编写代码

在文件中编写代码之后，选择“File”→“Save”或者“Save As”可以将这个代码文件保存到文件夹中（例如可以保存到 D 盘下的“pythonDir”文件夹中），将这个文件命名为“hello.py”，如图 1–19 所示。

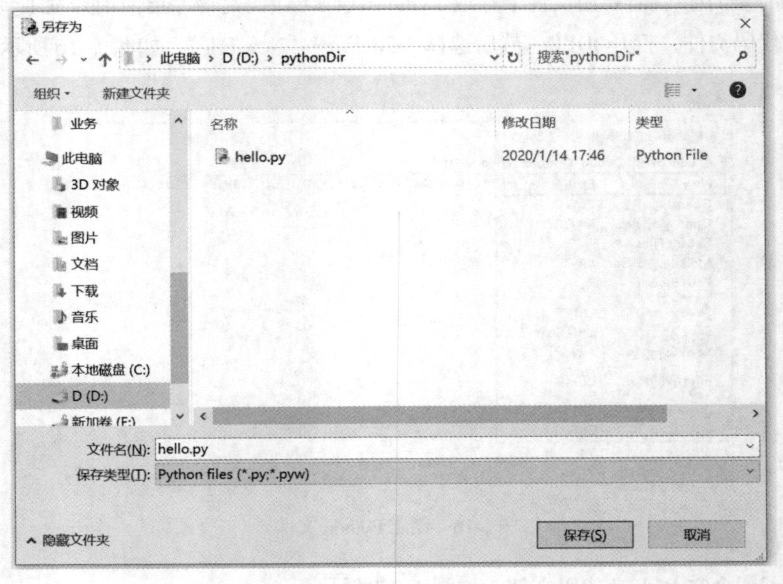

图 1-19　保存文件

“hello.py”文件的扩展名是“.py”，可能你会有疑问，为什么 Python 文件的扩展名是“.py”，是否可以使用“.txt”“doc”“.mp4”呢？

答案是“否”，Python 文件只能以“.py”作为扩展名。扩展名为“.py”是告诉计算机这是一个 Python 文件，而不是其他文件。

保存好文件之后，就可以运行“hello.py”文件了。在 IDLE 编辑器中选择“Run”→“Run Module”即可运行，如图 1-20 所示。

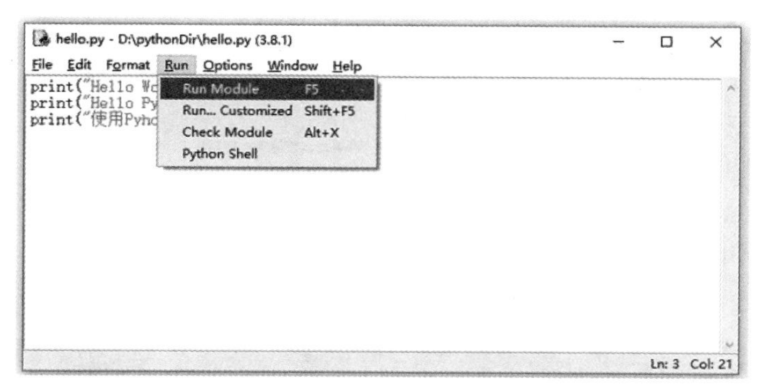

图 1-20 运行“hello.py”文件

运行效果如图 1-21 所示。

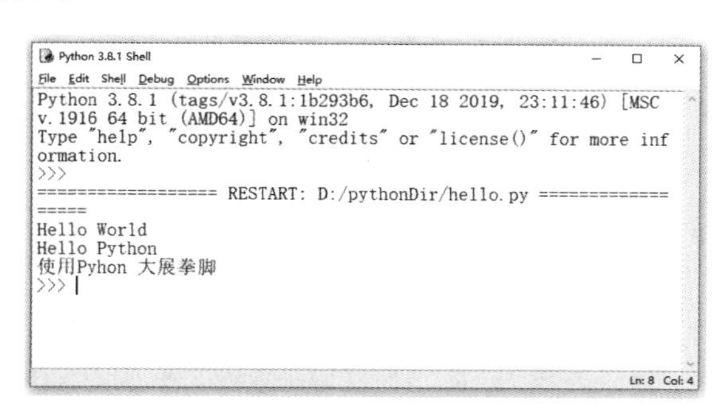

图 1-21 运行“hello.py”文件的效果

到这一步，你已经编写了一个真正意义上的 Python 程序。是不是挺有成就感？随着学习的深入，你会发现编程越来越有趣。欢迎来到编程的世界！

项目小结

1. 学会了搭建 Python 开发环境的 3 个步骤。

（1）下载 Python 安装包。

（2）安装 Python。

（3）验证 Python 是否安装成功。

2. 编写了第一行 Python 代码，知道了如何使用 print("Hello World!")在屏幕上输出“Hello World! ”。

3. 了解了 Python 的两个特点：“计算”与“重复做某事”。

4. 使用 IDLE 完成了第一个真正意义上的程序。

5. 认识了编程界的两个概念："命令行界面"与"关键字"。

项目习题

1. 使用 print()输出表情符号，效果如图 1-22 所示。

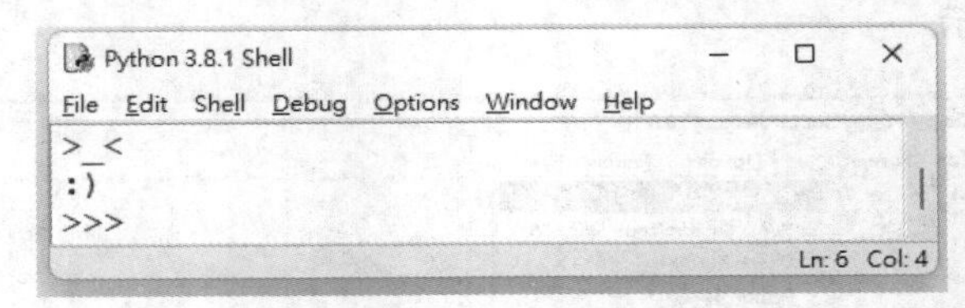

图 1-22　输出表情效果

2. 使用 print()输出个人信息，效果如图 1-23 所示。

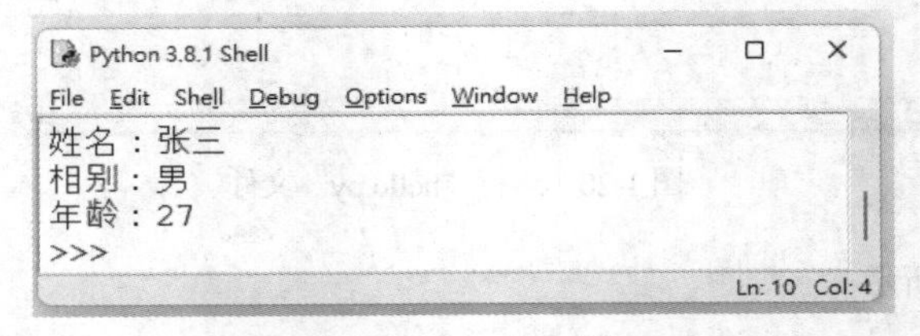

图 1-23　输出个人信息效果

项目二

解决简单的数学问题——Python 运算符与表达式

项目要点

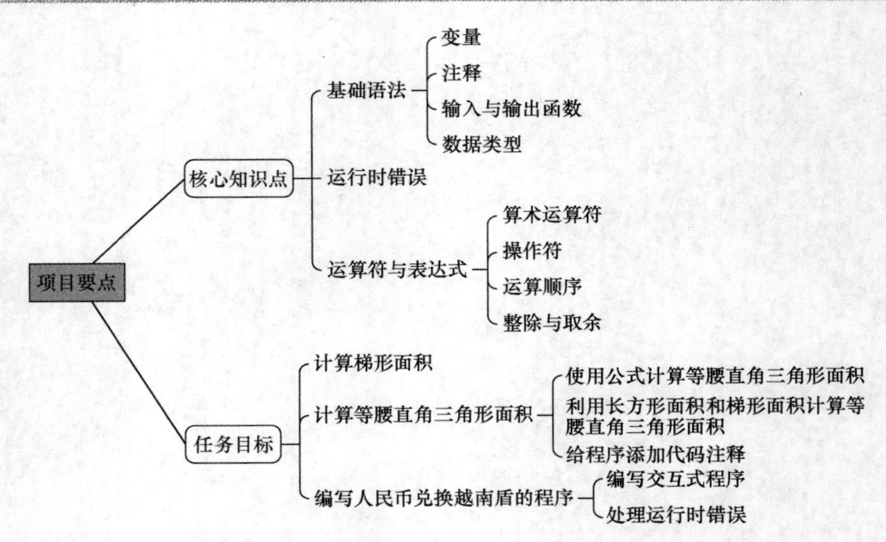

项目场景

生活中，数学无处不在，在编程中，也经常会用到数学知识。在很多游戏和应用程序中我们经常会见到数据统计、排行榜等，可以说绝大多数的程序都会用到数学知识。

在本项目中将通过日常生活和学习中的一些案例来学习 Python 中数学计算的基础知识。

任务 2.1　计算梯形和等腰直角三角形面积

如图 2-1 所示，已知左侧梯形的上底 $a = 6$，下底 $c = 9$，高 $h = 3$，则右侧三角形为等腰直角三角形。

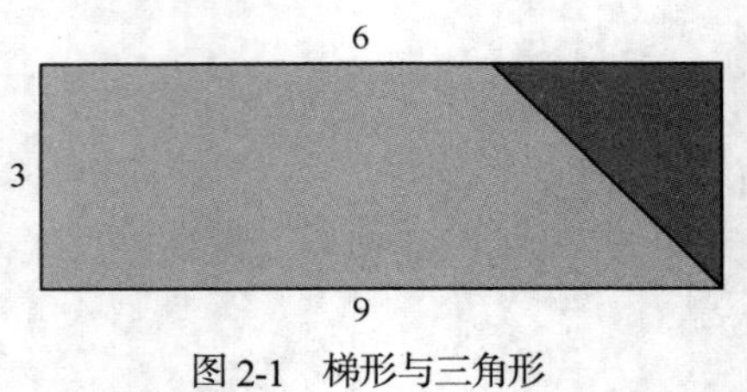

图 2-1　梯形与三角形

微课视频

完成本任务，需要使用基础的数学知识——“加减乘除”，来解决 3 个数学问题。

（1）求梯形的面积。

（2）使用公式计算等腰直角三角形的面积。

（3）利用长方形面积和梯形面积计算等腰直角三角形的面积。

2.1.1 求梯形面积

第一个问题是求梯形的面积，我们第一时间应该会想到梯形的面积公式：梯形的面积=（上底+下底）×高÷2，则图 2-1 中所示梯形面积如下。

$$S_{梯形}=(a+c)\times h\div 2$$

根据公式编写代码：print(6+9*3÷2)，运行代码后的结果如图 2-2 所示。

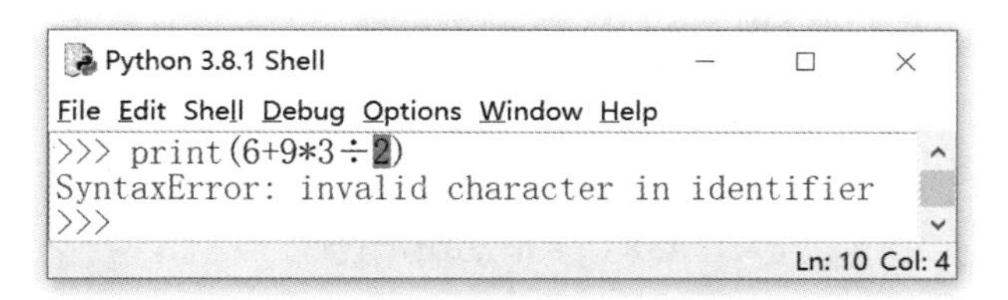

图 2-2　运行结果

可以发现代码运行出现了错误，为什么会出错呢？这是因为计算机键盘上没有除号（÷），在 Python 中使用斜杠（/）来表示除号。

所以代码应该改为：print(6+9*3/2)，修改之后再次运行，会得到图 2-3 所示的结果。

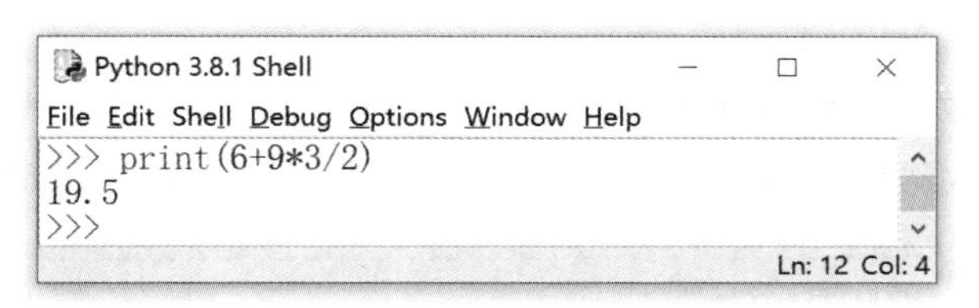

图 2-3　修改后运行结果

梯形的面积算对了吗？

这个答案是错误的。正确答案应该是 22.5 而不是 19.5 。既然错了，那该如何修改代码呢？

也许你已经猜到了——加上一个括号就行！

是的，这是因为乘法和除法运算优先于加法运算，所以如果希望改变运算顺序，只需在需要优先运算的内容两边加上括号即可，这和数学课上讲的是一样的。Python 会遵循正确的数学规则和运算顺序。

所以图 2-4 所示的写法就对了！

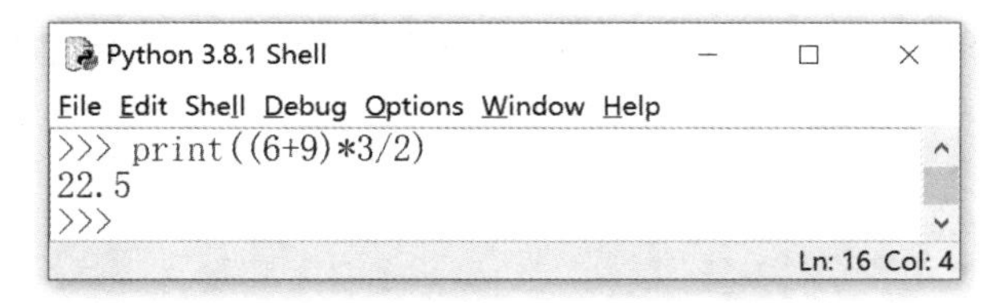

图 2-4　修改运算顺序后运行结果

2.1.2 使用公式计算等腰直角三角形面积

第二个问题是使用公式计算等腰直角三角形的面积，等腰直角三角形的面积公式如下。

$$S_{等腰直角三角形}=\frac{1}{2}a^2$$

式中：a 为等腰直角三角形的直角边边长。观察图 2-1 可知，等腰直角三角形的直角边边长等于梯形的高，等于 3。

根据公式编写代码，如图 2-5 所示。

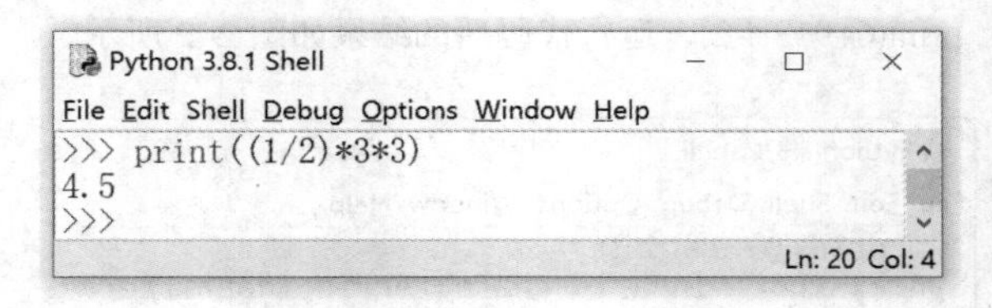

图 2-5　根据公式编写代码

这样就能将等腰直角三角形的面积计算出来了。但是假如现在让你计算 $\frac{1}{2}$ 乘 a 的 5 次幂，公式如下。

$$S=\frac{1}{2}a^5$$

按照之前的写法，直接使用乘法就要将代码写成：print(1/2*3*3*3*3*3)。显然这样的代码不够好，因为如果是 100 次幂，写 100 个乘法因子显然不合适。

在 Python 中，一个数的 N 次幂可以用双星号“**”表示，使用双星号“**”来表示一个数的 N 次幂就方便多了，例如 3 的 N 次幂，代码为 print（3**N）。下面计算 3 的平方，如图 2-6 所示。

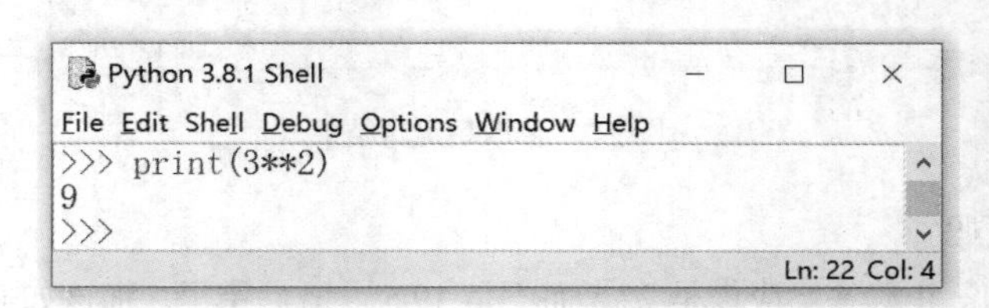

图 2-6　Python 中的幂运算

2.1.3　利用长方形面积和梯形面积计算等腰直角三角形面积

第三个问题是利用长方形面积和梯形面积计算等腰直角三角形面积。通过观察图 2-1 可知，需要先计算出长方形面积和梯形面积，然后用长方形面积减去梯形面积，即可求出等腰直角三角形面积。

可以分为 3 个步骤编写代码。

（1）计算长方形面积。

（2）计算梯形面积。

（3）用长方形面积减去梯形面积。

问题来了，按照这 3 个步骤我们需要编写代码“存储”长方形面积和梯形面积，最后将它们相减，那么如何存储长方形面积和梯形面积呢？

在数学中可以定义未知数来指定待确定的值，如设长方形的面积为 $S_{长方形}$，梯形的面积为 $S_{梯形}$，等腰直角三角形的面积为 $S_{等腰直角三角形}$。

在编程中也有类似未知数的概念——变量。

变量的使用很简单，打开 IDLE，创建一个 Python 文件，编写如下代码。

```
c = 9
h = 3
M = c * h
print(M)
```

运行这段代码会发现，屏幕输出了“27”。

可能你会觉得这太简单了，一行代码不就行了吗？

在这里将代码写成多行是想要和你一起探究计算机的内部做了什么。

首先看第一行代码：c = 9。如果你单独运行这段代码不会有任何输出，但并不代表这行代码是无效的，这行代码定义了一个变量 c，并且给变量 c 赋予了一个初始值 9。

但是我们好像忽略了一个问题——变量是什么？

看名字其实很好理解，变量是可以变化的数据。

变量是计算机语言中能存储计算结果或能表示值的抽象概念。

图 2-7 展示了变量如何定义与赋值。

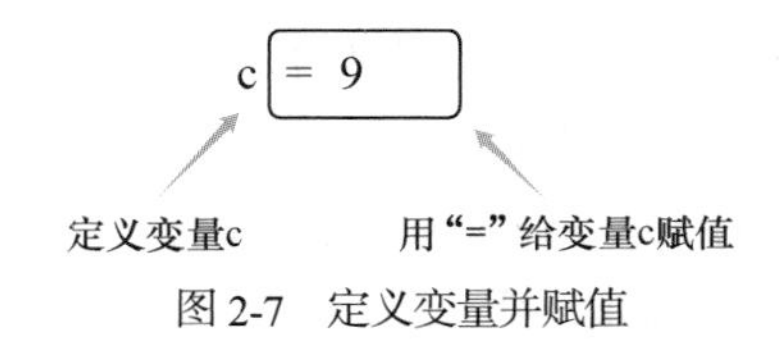

图 2-7　定义变量并赋值

2.1.4　变量

变量是 Python 存储数据的一个内存区域，可以理解为存放数据的地方。你可以用自己和其他人都能看懂的方式来定义变量（定义变量就是给变量起名，变量的名字要让自己和其他人都能看懂）。直接用变量名来代替数据能让你的程序更加直观和简洁，也方便排查程序的错误。

计算梯形面积和三角形面积使用变量与不使用变量对比如下。

（1）不使用变量。

```
print((9+6)*3/2)
print(9*3 - (9+6)*3/2)
```

（2）使用变量。

```
c = 9
h = 3
a = 6
M = c * h
T = (a+c)*h/2
S = M - T
print(S)
```

可能你会觉得第一种不使用变量的方式更方便，但是如果现在长方形的边长即梯形的下底 c 和高 h 发生了变化，需要你再次进行计算，你会不会觉得第一种方式有些麻烦呢？

如果使用了变量，那么只需要修改 c 和 h 的值即可，其他的代码不需要修改。

如果数据更加复杂，代码更多，使用变量就会让代码更加简洁，也更好理解。

既然变量有这么多好处，那怎么用好变量呢？

2.1.4.1　变量命名

要用好变量，需要从两个方面入手。

（1）给变量起个好名字。

（2）给变量赋值。

现在有 4 个数据需要定义变量并且为它们起名：性别、年龄、张三的手机号、家庭地址。

你觉得下列哪几个选项的命名方式比较好？

A. n12

B. name

C. age

D. 123_p+

E. shoujihao

F. number_of_zhangsan

G. home_address

H. ,./@#

命名方式比较好的选项是 B、C、F、G；命名方式错误的选项是 D、H。

这是因为给变量起个好名字一般来说要遵守以下两个规则。

（1）必须以大小写英文字母或者下划线开头，不得以数字开头。例如 name1 可以作为变量名，但是 1name 就不可以作为变量名，所以 D 和 H 的命名方式是错误的。

（2）简洁易读，变量名要有意义。例如想要定义“年龄”的变量名，可以使用年龄的英文“age”，如果取名“a”或者“abc”，虽然命名方式没错，却增加了阅读代码的时间成本（要花额外的时间来弄懂这个变量名究竟指代什么、在程序中用来干什么）。根据这个规则 A 和 E 都不合适。

2.1.4.2 变量赋值

名字取好了，接下来就要给变量赋值了。使用等号“=”可以给变量赋值，示例如下。

```
age = 18
number = 13711111111
```

上述两行代码定义了两个变量，一个是 age（年龄），另一个是 number（手机号），并且把等号“=”右边的数据赋给左边的变量。下面就可以用变量名来指代这两个数据了，示例如下。

```
age = age +2
number = 18711111111
```

上述两行代码对变量的数据进行了修改，给 age 加上了 2，并且为 number 变量重新赋值。

2.1.5 代码注释

了解了变量之后，可以利用变量编写出计算等腰直角三角形面积的完整代码，示例如下。

```
c = 9
h = 3
a = 6
M = c * h
T = (a+c) *h/2
S = M - T
print(S)
```

假设，有一位朋友也在学习 Python。他还没学习到变量，想向你请教这段代码的意思是什么，你该如何向他解释呢？

你可能会和他做如下解释。

（1）第一行代码定义变量 c 表示长方形的长（梯形的下底），值为 9。

（2）第二行代码定义变量 h 表示长方形的宽（梯形的高），值为 3。

（3）第三行代码定义变量 a 表示梯形的上底，值为 6。

…

和第一位朋友解释完了，他听懂了，第二位朋友过来了，想请你再解释一遍，如果有多位朋友都想让你解释这段代码，你可能不想重复地去解释同样的内容，那么有没有“一劳永逸”的方法呢？

答案是有，可以利用代码注释，在每行代码的最右边加上“#”，“#”后面的内容就是注释，示例如下。

```
c = 9 # 定义变量c 表示长方形的长（梯形的下底）
h = 3 # 定义变量h 表示长方形的宽（梯形的高）
a = 6 # 定义变量a 表示梯形的上底
M = c * h # 计算长方形面积
T = (a+c) *h/2
S = M - T
print(S)
```

这样就不需要再给他们解释代码了，他们自己就能看明白。

但是加了这些注释之后对程序有没有影响呢？

答案是没有影响，你可以试试运行这段代码，与没加注释之前的效果是一样的。

其实注释被设计出来就是为了解释代码，方便阅读代码的人理解，而没有其他具体的功能。简单来说就是给人看的，而不是让计算机运行的，计算机在运行的时候会忽略这些注释。

要更深入地了解 Python 中的注释，你还需要了解注释的类型和常用方式。

在 Python 中有 3 种注释类型：

（1）单行注释；

（2）行尾注释；

（3）多行注释。

2.1.5.1 单行注释

在任何代码行的前面，都可以加上“#”让这一行成为注释，示例如下。

```
# 这是单行注释
print("Hello World!")
```

如果运行程序则会输出“Hello World!”。

程序运行的时候，第一行会被忽略，注释只是为了帮助编程人员和阅读代码的人读懂代码。

2.1.5.2 行尾注释

注释从“#”开始，“#”之前的所有内容都是正常的代码，在它后面的所有内容则是注释，示例如下。

```
print("Hello World!") # 输出 Hello World!
```

2.1.5.3 多行注释

有时需要使用多行注释，可以在每行开头都加上一个“#”，示例如下。

```
# 多行注释
# 多行注释
# 多行注释
```

还可以使用 3 个单引号（'''）或者 3 个双引号（"""），示例如下。

```
'''
这是多行注释，用3个单引号
这是多行注释，用3个单引号
这是多行注释，用3个单引号
'''
print("Hello, World!")

"""
```

```
这是多行注释，用 3 个双引号
这是多行注释，用 3 个双引号
这是多行注释，用 3 个双引号
"""
print("Hello, World!")
```

多行注释可以很好地突出某段代码，可以用多行注释来描述某段代码需要做什么，很多程序的开头都会使用多行注释来描述作者的信息。

2.1.5.4 注释代码

有时候注释也用来保留那些暂时不想要，但又舍不得删掉的代码，示例如下。

```
#print("Hello")
print("World")
```

因为 print("Hello")这行代码被注释了，所以这段代码的结果为：World。

调试程序时，如果只希望运行部分代码而忽略其他部分代码，注释代码会非常有用！

课后练习

1. 在学习注释的时候我们只注释了前 4 行代码，后面 4 行没有注释，请你帮忙补充后 3 行的注释。

```
c = 9 #定义变量 c 表示长方形的长（梯形的下底）
h = 3 #定义变量 h 表示长方形的宽（梯形的高）
a = 6 #定义变量 a 表示梯形的上底
M = c * h #计算长方形面积
T = (a+c) *h/2
S = M - T
print(S)
```

2. Python 中计算 3*3*3*3 的方法有几种？

3. 请使用注释让下列代码输出“codejiaonang.com”。

```
print("Hello World")
#print("codejiaonang.com")
print("Hello")
print("Code")
```

4. 编写一个程序，把温度从华氏温度 F 转换为摄氏温度 C，转换公式如下。

$$C=\frac{5}{9}(F-32)$$

式中：C 为摄氏温度；F 为华氏温度。

任务 2.2 编写人民币与越南盾兑换程序

现在越来越多的人喜欢出国旅游，很多人选择了越南，假设现在你的一位朋友想要去越南旅游，但是他身上没有越南盾（越南的货币），只有 5342 元人民币，他想请你编写代码帮他计算这些钱能兑换多少越南盾。

假设人民币对越南盾的汇率为 1 元人民币=3347.84 越南盾。

你可能会编写出如下代码。

```
rmb = 5342 #输入人民币的值
exchange = 3347.84 #定义人民币对越南盾汇率
print(rmb*exchange) #输出兑换之后越南盾的值
```

但是这个时候，假设有 10 个朋友都想让你编程计算他们手上的人民币能兑换多少越南盾，你该怎么办呢？

2.2.1 编写能与用户交互的程序

如果按照之前学习到的编程知识，每兑换一次，就需要重新修改代码。如果有 10 个朋友都想要计算，就得写 10 份代码，这种重复劳动显然不是我们喜欢做的。

可以只编写一份代码就解决这个问题吗?

如果在程序运行的时候，每个朋友都可以输入他们想要转换的数值，然后程序能根据输入的数值进行运算，最后得出结果，是不是问题就解决了?

在 Python 中有一个内置函数 input()，可以使用这个函数得到用户通过键盘输入的数据。

直接来试试吧，编写如下代码。

```
print("请输入数据：")
info = input()
print("你输入的数据为：",info)
```

接下来运行这段程序，结果如图 2-8 所示。

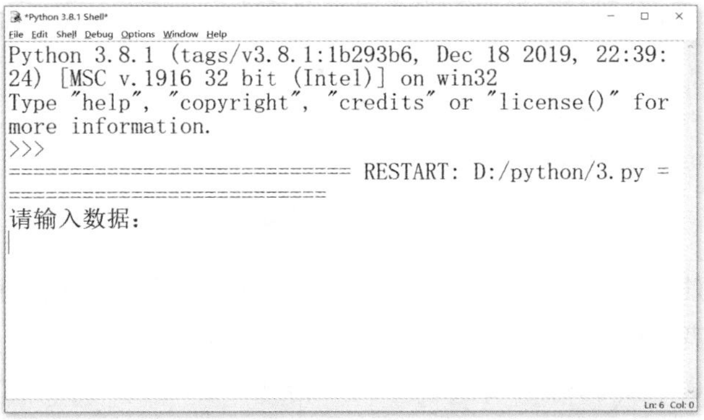

```
*Python 3.8.1 Shell*
File Edit Shell Debug Options Window Help
Python 3.8.1 (tags/v3.8.1:1b293b6, Dec 18 2019, 22:39:
24) [MSC v.1916 32 bit (Intel)] on win32
Type "help", "copyright", "credits" or "license()" for
more information.
>>>
============================ RESTART: D:/python/3.py =
===========================
请输入数据：

Ln: 6 Col: 0
```

图 2-8 程序运行结果

这个时候你会发现，程序"卡住"了，只输出了一行。

这是正常的，现在程序在等待你输入数据，如果这个时候你用键盘输入"5432"，然后按"Enter"键，会发现屏幕上输出了结果，如图 2-9 所示。

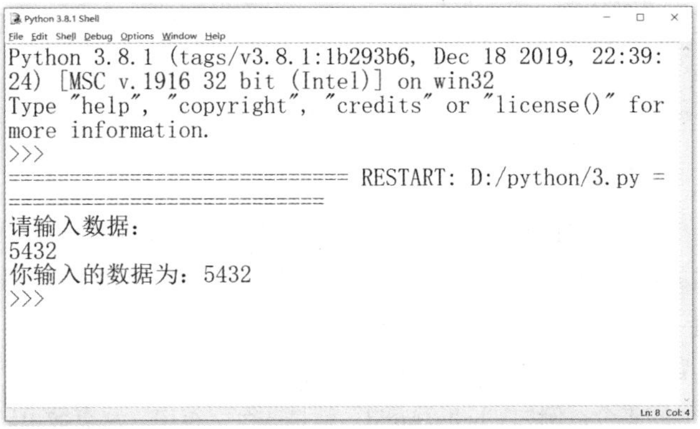

```
Python 3.8.1 Shell
File Edit Shell Debug Options Window Help
Python 3.8.1 (tags/v3.8.1:1b293b6, Dec 18 2019, 22:39:
24) [MSC v.1916 32 bit (Intel)] on win32
Type "help", "copyright", "credits" or "license()" for
more information.
>>>
============================ RESTART: D:/python/3.py =
===========================
请输入数据：
5432
你输入的数据为：5432
>>>

Ln: 8 Col: 4
```

图 2-9 输出结果

这样的程序就是 Python 交互程序。

注意　**函数是 Python 中非常重要的概念，你可以将函数理解为：用于实现某一功能的工具。想要实现某个功能就使用对应的函数即可，在后文中会对函数进行更详细的介绍。**

2.2.2 根据用户输入的数据进行计算

有了 input()函数之后，就可以开发出一个只要输入相应数值就能计算人民币兑换越南盾的程序了。编写的程序代码如下。

```
print("请输入你要用于兑换的人民币：")
rmb = input()    #用于获取用户输入人民币的值
exchange = 3347.84  #定义人民币对越南盾汇率
print("兑换之后的越南盾：",rmb*exchange)
# 注意这里的逗号要用英文逗号且要在双引号之外
```

运行程序，结果如图 2-10 所示。

```
请输入你要用于兑换的人民币：
5342
Traceback (most recent call last):
  File "D:/python/3.py", line 4, in <module>
    print("兑换之后的越南盾：",rmb*exchange)
          # 注意这里的逗号要用英文逗号且要在双引号之外
TypeError: can't multiply sequence by non-int of type 'float'
>>>
```

图 2-10　程序运行结果

程序确实运行了，前两行也能显示，但是后面出错了，这种只在程序运行时才会发生的错误，称为运行时错误。很多初学者在看到程序出错后都会一头雾水。其实没关系，这是 Python 在告诉你程序出了点问题，并且给出了错误信息提示。试想一下，如果程序出错了，却什么错误提示都没有，不给任何反馈是不是更让人崩溃呢？

2.2.3 运行时错误

2.2.2 小节中程序的运行时错误如图 2-11 所示。

```
请输入你要用于兑换的人民币：
5342
Traceback (most recent call last):                    ← 错误信息的开始
  File "D:/python/3.py", line 4, in <module>          ← 错误发生的位置
    print("兑换之后的越南盾：",rmb*exchange) # 注意这里的逗号要用英文逗号且
要在双引号之外
TypeError: can't multiply sequence by non-int of type 'float'  ← Python认为是什么错误
>>>
```

图 2-11　运行时错误

以“Traceback”开头的代码行表示错误信息的开始。下一行指出哪里发生了错误，并会给出文件名和行号。然后显示出错的代码行，这可以帮助你找到代码中哪里出了问题。错误信息的最后一部分会告诉你 Python 认为存在什么问题。

查看这段代码的错误信息，可以找到问题出在第 4 行代码。报错原因是将字符串与浮点数做了相乘操作。字符串是由很多字符组成的集合，例如“hello world”就是一个字符串，浮点数可以理解为数学中的小数。在 Python 中将字符串和浮点数进行乘法运算是错误的。

通过观察代码可以发现，变量 exchange 是浮点数，rmb 是字符串，你可能会好奇，输入的明明是一个数字，为什么变量 rmb 的数据类型是字符串呢？

其实通过 input()函数获取到用户输入的数据默认是字符串，所以变量 rmb 是一个字符串。

知道了原因，要解决问题就好办了，将变量 rmb 转换为整型即可。

在 Python 中可以使用 int()函数将其他数据类型转换为整型。

```
print("请输入你要用于兑换的人民币：")
rmb = int(input())    #用于获取用户输入人民币的值
exchange = 3347.84  #定义人民币对越南盾汇率
print("兑换之后的越南盾：", rmb * exchange)
```

运行程序，结果如图 2–12 所示。

```
请输入你要用于兑换的人民币：
5342
兑换之后的越南盾：  17884161.28
>>>
```

图 2-12　修改之后的程序运行结果

通过获取用户的输入，现在兑换其他数值的人民币也不需要修改代码了，重复运行程序即可！

2.2.4　数据类型

在 2.2.3 小节中提到了数据类型，那数据类型是什么呢？

我们人类能分清楚整数、小数和文字，但是计算机不能，计算机虽然很强大，不过有时候又比较“傻”，除非你告诉计算机，0、1、2 是数字，hello 是文字，否则计算机是弄不明白这些数据的区别的。

其实数据类型就是对常用的各种类型的数据进行明确的划分，例如，想让计算机处理整数，那就传递整数给它，或者告诉它这是整数；想让计算机处理字符串，那就传递字符串给它，而不能传递非字符串型数据。

目前我们已经学习了以下 3 种数据类型。

（1）整型（int）：用于存储整数，例如：1、2、3 等。

（2）浮点型（float）：用于存储浮点数，例如：1.2、2.3、3.3 等。

（3）字符串型（str）：用于存储文字、数字、字母等信息，例如 hello、王五等。

在编程中如何获取数据的数据类型呢？在 Python 中可用 type()函数来获取数据的数据类型，示例如下。

```
name = "张三"
print(type(name))
```

运行结果如下。

```
<class 'str'>
```

运行结果表示变量 name 是字符串型（class 是类型的意思，str 表示字符串型）。

在 Python 中还有许多数据类型，在这里不一一列举，以后都会学习到。

2.2.5　整除

要将 5342 元人民币兑换成越南盾，通过 2.2.3 小节的程序得到了可兑换成 17884161.28 越南盾。但是这个数据的可读性不好，一下子看不出来有多少钱，还要去仔细数一数这个数有多少位，才能知道是多少万。

如何让数据的可读性更好一些呢？

可以让整除来帮忙，金额的总数整除 10000 就可以知道具体有多少万越南盾，在 Python 中整除用“//”表示，据此可以编写如下代码。

```
print(17884161.28//10000)
```

运行结果如下。

```
1788.0
```

可以发现整除的结果有个后缀“.0”，这是因为数据类型是浮点型，不过我们想要的结果是整数，这个时候可以利用 int()函数把浮点数转换成整数。

```
print(int(17884161.28//10000))
```

运行结果如下。

```
1788
```

问题又来了，现在有多少万越南盾已经知道了，但是后面的 4161 尾数却被扔掉了，怎么通过代码来获取后面的 4161 呢？

2.2.6 取余

Python 有一个特殊的操作符来计算整数相除的余数——取余操作符，这个符号用百分号（%）表示。例如 9 除以 2 取余，示例如下。

```
print(9%2)
```

运行结果如下。

```
1
```

有了取余操作符，就可以得到尾数了，编写如下代码。

```
print(int(17884161.28%10000))
```

运行结果如下。

```
4161
```

综上，我们现在可以输出更便于阅读的结果，示例如下。

```
print(int(17884161.28//10000),"万越南盾")
print(int(17884161.28%10000),"越南盾")
```

运行结果如下。

```
1788 万越南盾
4161 越南盾
```

2.2.7 print()函数与逗号

相信你已经注意到了，要想输出数据的时候让两段数据拼接起来，需要在它们之间加上英文逗号，示例如下。

```
name = "张三"
print("姓名:",name) # 注意在这里逗号应该在结束引号之外
```

运行结果如下。

```
姓名：张三
```

学习了上面这些知识后，就能编写出一个比较好用的人民币兑换越南盾的程序了，完整代码如下。

```
print("请输入你要用于兑换的人民币：")
rmb = int(input()) #用于获取用户输入人民币的值
exchange = 3347.84 #定义人民币对越南盾汇率
dong = int(rmb * exchange) # 求出兑换后的值，并转换为整型
num_1 = dong // 10000 # 整除 10000
num_2 = dong % 10000 # 取余
print("你能兑换：",num_1 ,"万越南盾",num_2,"越南盾")
```

运行结果如图 2-13 所示。

```
请输入你要用于兑换的人民币：
5342
你能兑换： 1788 万越南盾 4161 越南盾
>>>
```

图 2-13　运行结果

课后练习

1. 编写程序录入个人信息，效果如图 2–14 所示。

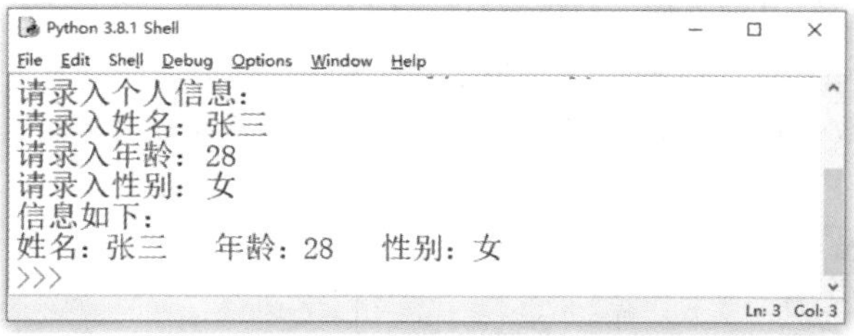

```
Python 3.8.1 Shell
File Edit Shell Debug Options Window Help
请录入个人信息：
请录入姓名：张三
请录入年龄：28
请录入性别：女
信息如下：
姓名：张三    年龄：28    性别：女
>>>
Ln: 3 Col: 3
```

图 2-14　录入个人信息程序效果

2. 假设你现在开了一家窗帘店，顾客来买窗帘，你要编写一个程序用于完成如下功能：

（1）询问顾客买多大的窗帘（单位是平方米）；

（2）根据窗帘的定价告诉客户这样的尺寸需要多少钱，效果如图 2–15 所示。

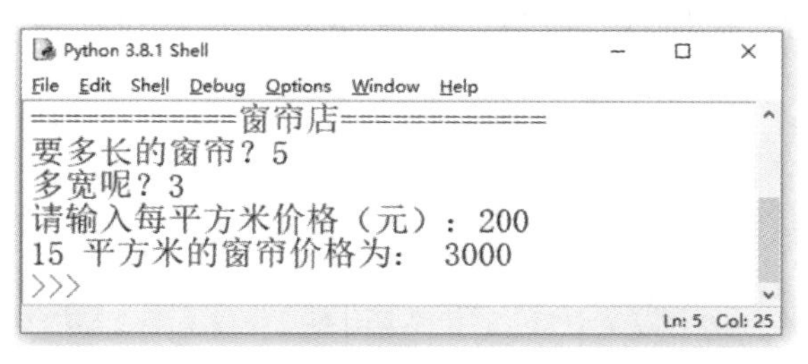

图 2-15　卖窗帘程序效果

项目小结

在本项目中我们使用 Python 解决了两个问题。

1. 计算梯形和等腰直角三角形的面积。

2. 编写一个可以与用户交互的人民币兑换越南盾程序。

通过解决这两个问题，我们学习了许多 Python 基础知识，具体如下。

1. Python 中四大算术运算的符号："+" "–" "*" "/"，与数学中不同的是，Python 中乘号使用 "*"，除号使用斜杠 "/"。

2. Python 中实现幂运算使用两个星号（**）。

3. Python 中算术运算的优先级与数学中的是一样的。

4. 变量的命名有两个规则。

- 必须以大小写英文字母或者下划线开头。
- 简洁易读，给变量起的名字要有意义，让人容易理解。

5. Python 中的注释是为了解释代码，方便看代码的人理解，而没有其他具体的功能，运行代码的时候 Python 会忽略这些注释。
6. 通过 input()函数可以获取用户输入的数据，可以利用 input()来编写一个可交互的程序。
7. Python 中会出现运行时错误，可以通过查看 Python 给出的错误提示，定位到相应的行来解决错误。
8. 数据类型就是对常用的各种类型数据进行明确的划分。
9. 通过 type()函数可以获取数据的数据类型。
10. 使用 int()函数可以将其他数据类型转换为整型。
11. Python 中的两个运算符：整除（//）与取余（%）。
12. 可以在 print()函数中使用英文逗号来拼接两段数据，从而实现拼接输出。

1. 创建一个交互式程序。获取输入的华氏温度 F，根据华氏温度计算相应的摄氏温度 C，然后将摄氏温度输出，转换公式如下。

$$C=\frac{5}{9}(F-32)$$

2. 创建一个交互式程序，根据获取的整数计算该整数的百位、十位和个位数，然后将它们输出。

项目三

重复的事情交给计算机——Python 循环与判断

项目要点

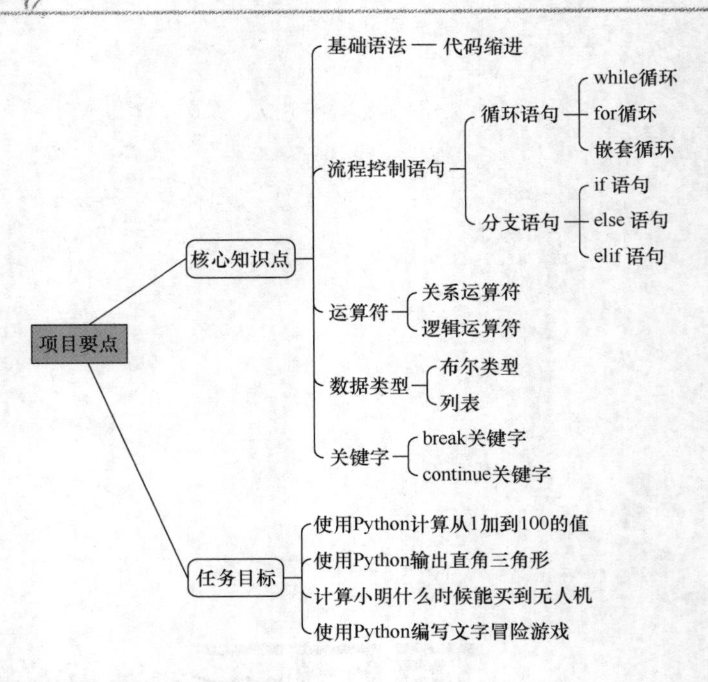

项目场景

很多人不愿意一直做重复的事情，会觉得枯燥无聊。人们会寻找工具来做重复劳动，所以现在大多数家庭都有洗衣机和其他自动化机器。编程也一样，我们肯定不愿意一直编写重复的代码。在编程过程中我们如何避免编写重复的代码呢？答案是使用循环语句，我们可以利用循环语句来减少重复的代码，从而提升编程效率。

许多重复的事情都会设置一些条件，例如，体育测试的评分："做 6 个引体向上成绩及格，做 12 个引体向上为优秀"。那么如何让计算机程序遵循提前设置好的规则呢？答案是使用判断语句，判断语句可以对某个条件进行判断，然后根据判断的结果运行代码。

在项目开发中经常需要使用循环和条件判断语句，而且它们很多时候都是同时出现的，本项目将带领你学习 Python 中的循环与判断语句，理解程序运行的流程。

任务 3.1　编写程序计算从 1 加到 100 的值

请你编写 Python 程序，计算从 1 加到 100 等于多少。

要解决这个问题，你会不会这样编写代码？

```
print(1+2+3+4+5+…+100)
```

如果真这样写，那就太辛苦了！

用这种方式编写代码，会有很多重复的步骤，其实这些重复的步骤完全可以交给计算机来完成，计算机很"乐意"帮你做重复的事情。

计算机可以周而复始地做同样的事情，这被称为循环。

当你的程序需要完成重复工作的时候，就应想到使用循环语句。

3.1.1 while 循环

在 Python 中经常会使用 while 循环来处理重复的工作，while 可以理解为“当”，while 循环的语法如下。

```
while(条件): #括号可写也可以不写
    <循环体> # 注意循环体中的代码需要缩进
```

while 语句后加上一个条件，当这个条件成立时，就会运行 while 循环中的代码（循环中的代码需要缩进），如果条件一直成立，则代码就会被一直运行，这样就形成了一个周而复始的过程。

while 循环的条件后面必须有一个冒号，它标志循环体的开始。后文中有许多类似的程序结构，它们都有一个以冒号结尾的前导语句，后面跟着缩进的一组语句。

接下来看一个循环的示例。

```
i = 1
while(i <= 6):
    print("做了",i,"个俯卧撑")
```

代码运行结果如图 3-1 所示。

```
做了 1 个俯卧撑
做了 1 个俯卧撑
做了 1 个俯卧撑
做了 1 个俯卧撑
做了 1 个俯卧撑
做了 1 个俯卧撑
做了 1 个俯卧撑
做了 1 个俯卧撑
做了 1 个俯卧撑
…… ……
```

图 3-1　while 循环示例运行结果

你会发现这个程序一直在运行，根本停不下来，这在编程中被称为无限循环（也叫死循环）。

那怎么办呢？这个时候你只要同时按下键盘上的“Ctrl”键和“C”键就可以让程序停下来了，即按“Ctrl+C”组合键。

虽然按“Ctrl + C”组合键可以终止循环，但是我们要弄明白产生无限循环的原因，为什么循环停不下来？

这是因为循环示例代码中 i<= 6 这个条件一直成立，如图 3-2 所示。

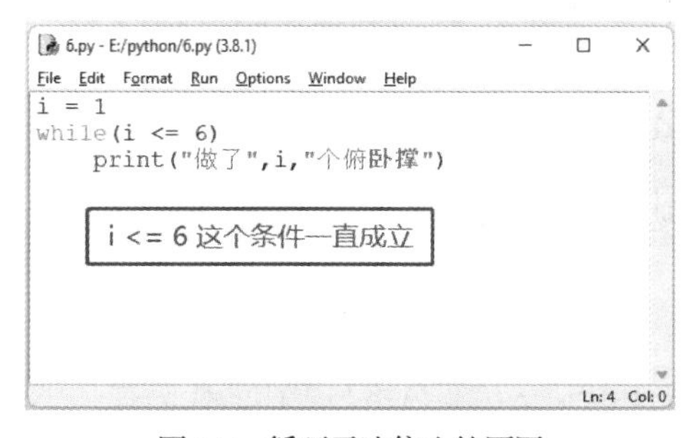

图 3-2　循环无法停止的原因

只需要在循环的时候将变量 i 的值加 1，即可在恰当的时候结束循环，修改代码如下。

```
i = 1
while(i <= 6):  # 注意这里是英文冒号
```

```
    print("做了",i,"个俯卧撑")
    i = i + 1   # 每循环 1 次，i 的值加 1
```

这样运行结果就正常了，如图 3-3 所示。

做了 1 个俯卧撑
做了 2 个俯卧撑
做了 3 个俯卧撑
做了 4 个俯卧撑
做了 5 个俯卧撑
做了 6 个俯卧撑

图 3-3　while 循环的正常运行结果

3.1.2　求出 1 到 100 的和

有了循环这个工具，是不是就可以求出 1 到 100 的和了呢?

这个时候可能你已经撸起袖子准备编写代码了，但是别着急（我们一般将一上来就急于编写代码的朋友称为“萌新”）。那应该先做什么呢?

学习编程很多时候都是为了解决问题，要想更好地解决问题，第一步应该仔细研究问题，了解问题是什么，目标是什么，第二步才是编写代码。第一步研究得越明白，第二步写出的代码就越靠谱。第三步则是测试代码，验证结果。这些步骤基本上可以确保你写出来的程序没有问题，同样，深刻理解问题也可以帮助我们减少在第三步调试代码上花费的时间。

接下来按照上述 3 个步骤，解决 1 到 100 求和的问题。

第一步，研究问题。

（1）要解决求和问题，首先需要定义一个变量（可以命名为 sum），用于存储最终的和。

（2）变量 sum 的值是不断累加的。

（3）定义变量 i 作为从 1 加到 100 的增量，每循环 1 次 i 的值加 1。

（4）设置循环结束的条件（否则会变成无限循环），这个条件应该是 i 为 100 的时候。

第二步，编写代码（在编写代码的时候写注释是一种非常好的习惯）。

```
sum = 0 # 定义变量 sum，用于存储最终的和
i = 1   # 定义变量 i 来代表每次累加的值

# 编写循环进行累加
while(i <= 100):          # 定义循环成立的条件为 i <= 100
    sum = sum + i     # 每次都对 sum 进行累加
    i = i + 1         # 每循环 1 次 i 的值加 1
print(sum)
```

第三步，运行测试程序。结果如下。

```
5050
```

通过这 3 个步骤，可以发现问题已经解决了，从 1 加到 100 的值是 5050。

3.1.3　缩进

可能你已经发现了，while 循环代码的编写风格与之前的代码有一些不同。while 循环中的一些代码需要进行缩进，如图 3-4 所示。

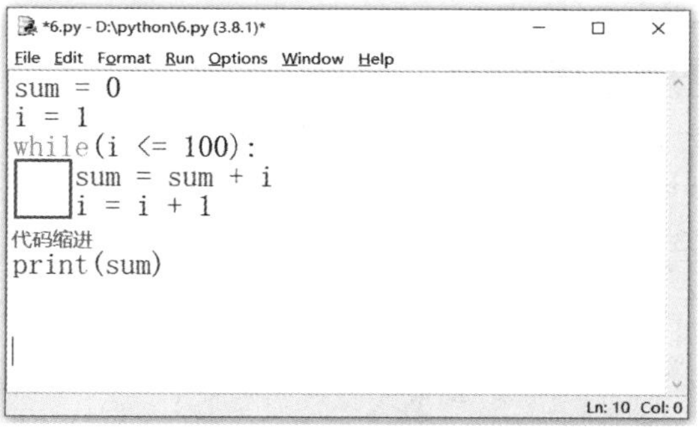

```
sum = 0
i = 1
while(i <= 100):
    sum = sum + i
    i = i + 1
代码缩进
print(sum)
```

图 3-4　while 循环缩进示意

很多其他编程语言中，缩进与不缩进只是一个风格问题，但是在 Python 中，编写代码时是否使用缩进会影响程序的运行，缩进会告诉计算机代码块从哪里开始、到哪里结束。

在 Python 中使用缩进有一个规则：代码缩进多少不重要，重要的是要保证整个代码块的缩进程度是一样的，否则运行就会报错，示例如下。

```
    print("做了",i,"个俯卧撑")# 这里缩进了 4 个空格
  print("做了",n,"个俯卧撑")# 这里缩进了 2 个空格
```

上面这段代码就有问题，如果你作为 Python 的设计者，有些地方使用一个空格，有些地方使用 2 ~ N 个空格，怎么能分辨它们呢？还是设计一个约定俗成的规则会比较好。

所以在 Python 中要么都使用 4 个空格缩进，要么都使用 2 个空格缩进，总之，要保证整个代码的缩进程度是一样的，而不能随心所欲。

注意　**关于缩进风格，很多 Python 程序员都是使用 4 个空格或者 1 个制表符（通过键盘上的 Tab 键输入）作为统一的缩进格式，你在编写代码时，也可以使用和他们一样的缩进方式。**

课后练习

1. 请问下面的循环会运行多少次？

```
i = 0
while(i >= 0):
    i = i - 1
```

2. 下列程序有错误，请将其修改成能正常运行的程序。

```
  print("www.codejiaonang.com")
 print("codejiaonang")
      print("hello world!")
```

3. 编写一个程序显示一个简单乘法表，输出如下。

```
1 x 1 = 1
1 x 2 = 2
1 x 3 = 3
1 x 4 = 4
1 x 5 = 5
1 x 6 = 6
1 x 7 = 7
1 x 8 = 8
1 x 9 = 9
```

任务 3.2　输出直角三角形

现在你的任务是使用 print()函数在屏幕上输出一个等腰直角三角形（边长是 9 颗星（在本案例中“星”用“*”表示）），效果如图 3–5 所示。

```
*
* *
* * *
* * * *
* * * * *
* * * * * *
* * * * * * *
* * * * * * * *
* * * * * * * * *
```

图 3-5　直角三角形效果

也许刚看到这个问题你会感觉束手无策，没关系，我们一步一步来解决这个问题。

首先将这个问题变得简单一点，输出一个 3 × 3 的正方形，如图 3–6 所示。

```
* * *
* * *
* * *
```

图 3-6　3×3 的正方形

是不是可以做出来了？我想你可能会编写如下所示的代码。

```
i = 1
while i <=3:
    print("***")
    i = i + 1
```

这样确实能实现我们想要的效果，现在将问题变难一些，加上一个限定条件：“不允许一次性输出 3 颗星，一次只允许输出 1 颗星”。

这时，你可能会编写如下所示的代码。

```
i = 1
while i <=3:
    print("*")
    i = i + 1
```

运行代码，结果如图 3–7 所示。

图 3-7　竖向排列的星

这样编写的代码只能输出竖向排列的星，而无法输出横向排列的星。

在 Python 中 print()默认会输出括号中的内容，然后进行换行，所以刚刚我们看到输出了竖排的星，其实就是每次循环输出了 1 颗星之后换了一行。

要想不换行，可以在 print()函数中加上一个“end = " "”参数，示例如下。

```
i = 1
while i <=3:
    print("*",end =" ")
    i = i + 1
```

运行结果如图 3–8 所示。

```
* * *
```

图 3-8　横向排列的星

这样就能输出横向排列的 3 颗星，其中“end = " "”的作用是让 print()函数输出完之后，再输出一个空格，而不进行换行。

完成了上述代码，我猜你可能想要把上面的代码复制 3 次，这样就可以输出一个 3 × 3 的正方形了。

```
i = 1
while i<=3:
    print("*",end =" ")
    i=i+1
print()
i = 1
while i <=3 :
    print("*",end = " ")
    i = i + 1
print()
i = 1
while  i <=3 :
    print("*",end = " ")
    i = i + 1
```

虽然能正确输出，但是这段代码不是最优解，因为代码重复了，而我们要把重复的事情交给计算机。

我们可以在循环外面再套一层循环，这在编程中被称为嵌套循环。

3.2.1　嵌套循环

嵌套循环就是在一个循环中嵌入另一个循环。

嵌套循环的基本格式如下。

```
while(条件):
   <外层循环运行的语句>
   while(条件):
       <内层循环运行的语句>
```

接下来编写代码输出正方形，代码如下。

```
i = 1
while i<=3 :
    j = 1   # 每次进行外层循环 j 会被重置为 1
    while j<=3 :
        print("*",end=" ")
        j = j + 1
    i = i + 1
    print()   # 输出换行符
```

运行结果如图 3–9 所示。

```
* * *
* * *
* * *
```

图 3-9　3×3 的正方形

现在问题又发生了变化，需要你使用嵌套循环输出一个 3×3 的直角三角形，规则也是每次只能输出 1 颗星，效果如图 3–10 所示。

```
*
* *
* * *
```

图 3-10　3×3 的直角三角形

正方形和三角形两个图形区别不大，将它们进行对比，如图 3–11 所示。

```
* * *              *
* * *   ——→        * *
* * *              * * *
```

图 3-11　正方形和三角形的对比

通过对比可以发现，要想输出三角形，需要第一次内层循环输出 1 颗星，第二次输出 2 颗，第三次输出 3 颗星，即内层循环的循环次数分别是 1、2、3，内层循环的循环次数是一个变量，而外层循环不用变化，这样只需要修改内层循环的条件即可。

编写代码如下。

```
i = 1
while i<=3 :
    j = 1
    while j <= i : # 只需要将 j<=3 改为 j<=i 即可
       print("*",end=" ")
       j = j + 1
    i = i + 1
    print("")
```

注意　**作为初学者，你可以在草稿纸上写下每一轮循环 i 和 j 的值是如何变化的，以及每次循环输出了什么。这对于掌握如何使用循环非常有帮助。磨刀不误砍柴工，基础越扎实，学习后面的知识就越顺畅。**

既然已经可以输出 3×3 的直角三角形，那 9×9 的直角三角形相信你也能独立完成，请编写代码实现吧！

3.2.2 for 循环

Python 中还有一种方式能实现循环的功能，并且有时候用起来比 while 循环更简单，这就是 for 循环。例如使用 for 循环“做俯卧撑”。

```
for looper in [1,2,3,4,5]:
   print("做了", looper,"个俯卧撑")
```

运行结果如图 3–12 所示。

```
做了 1 个俯卧撑
做了 2 个俯卧撑
做了 3 个俯卧撑
做了 4 个俯卧撑
做了 5 个俯卧撑
```

图 3-12　使用 for 循环“做俯卧撑”结果

for 循环是不是很简洁呢，我们来翻译这段代码。

（1）变量 looper 从 1 开始，循环 5 次，依次给 looper 赋值 1、2、3、4、5。

（2）循环运行的次数由列表中数字的数量决定（列表就是 looper 右边的[1,2,3,4,5]）。

（3）每次运行循环就会将列表中的一个值赋给 looper。

接下来可以尝试利用 for 循环输出一个 3 × 3 的正方形。

```
for i in [1,2,3]:
    for j in [1,2,3]:
        print("*",end = ' ')
    print()
```

运行结果如图 3–13 所示。

```
* * *
* * *
* * *
```

图 3-13　使用 for 循环输出的正方形

3.2.3　列表

在 3.2.2 小节的 for 循环中用到了列表，什么是列表呢？

如果让你写出朋友的名字，你可能会这样写：张三、李四、王五……

在 Python 中要表示所有的朋友可以这样写。

```
friends = ["张三", "李四", "王五", "赵六"]
```

如果让你写出每天花了多少钱，可能你会这样写：100、500、150……

在 Python 中要表示每天花了多少钱可以这样写。

```
spend = [100,500,150]
```

列表是 Python 中的数据类型。上述代码中，变量 friends 和变量 spend 都是 Python 中的列表。列表可以存储一组数据。

其他关于列表的详细操作，将会在后面的章节中介绍。

3.2.4　range()函数

在 3.2.2 中输出了 3 × 3 的正方形，现在请你使用 for 循环输出一个 100 × 100 的矩形。

你可能会编写如下代码。

```
for i in [1,2,3,4,5,6,7,8,9,10,11,…,100]
```

是不是太麻烦了？这样看来 for 循环也太不方便了，有没有更好的方式呢？

答案是有。在 Python 中使用 range( )函数可以只定义开始值和结束值，不用再创建中间的所有值，range( )函数会将这些值构建成一个列表。

例如将“做俯卧撑”的示例改为用 range( )函数实现。

```
for looper in range(1,6):
    print("做了", looper,"个俯卧撑")
```

可以发现 range( )函数也能实现同样的功能，如图 3–14 所示。

```
做了 1 个俯卧撑
做了 2 个俯卧撑
做了 3 个俯卧撑
做了 4 个俯卧撑
做了 5 个俯卧撑
```

图 3-14　使用 range 函数效果

不过需要注意的是，range(1,6)会生成列表[1,2,3,4,5]，而列表中的值不会到 6（即大于等于 1、小于 6）。

range( )函数还有一种简写方式，示例如下。

```
for looper in range(0,5):
    print(looper)
# 简写方式
for looper in range(5):
    print(looper)
```

运行上述两段代码，可以发现这两段代码的运行结果完全相同，range(5)与 range(0, 5)能实现同样的功能。range(5)和 range(0, 5)所生成列表中的数据是以 1 为增量递增的，这个增量称为步长。如果 range( )函数只能生成步长为 1 的列表，可能在很多场景下不适用，其实 range( )函数还可以生成指定步长的列表。

例如，设置 range( )函数的步长为 2，示例代码如下。

```
for looper in range(0,5,2):
   print(looper,end = ' ')
```

运行结果如下。

```
0 2 4
```

3.2.5　使用 for 循环输出直角三角形

学习了 for 循环和 range( )函数后，要输出一个直角三角形就很方便了，编写代码如下。

```
for i in range(1,10):
    for j in range(i):
        print("*",end = " ")
    print("")
```

运行结果如图 3-15 所示。

```
*
* *
* * *
* * * *
* * * * *
* * * * * *
* * * * * * *
* * * * * * * *
* * * * * * * * *
```

图 3-15　使用 for 循环输出直角三角形

可以看到用 for 循环输出直角三角形的代码要比用 while 循环的简洁很多。

最后通过两个问题考考你是否真的理解了 range( )函数。

（1）为什么第一个 range( )函数要写成 range(1, 10)，range(10)不行吗?

（2）为什么第二个 range( )函数写成 range(i)，range(1, i)不行吗?

课后练习

1. 请问下列程序运行之后，count 的值为多少？

```
i = 3
j = 0
count = 0
while(i > 0):
    j = 1
    while(j < 3):
        count = count + 1
        j = j + 1
    i = i - 1
print(count)
```

2. 输出一个九九乘法表（请分别使用 for 循环和 while 循环实现），效果如图 3–16 所示。

```
1 × 1 = 1
1 × 2 = 2 2 × 2 = 4
1 × 3 = 3 2 × 3 = 6 3 × 3 = 9
1 × 4 = 4 2 × 4 = 8 3 × 4 = 12 4 × 4 = 16
1 × 5 = 5 2 × 5 = 10 3 × 5 = 15 4 × 5 = 20 5 × 5 = 25
1 × 6 = 6 2 × 6 = 12 3 × 6 = 18 4 × 6 = 24 5 × 6 = 30 6 × 6 = 36
1 × 7 = 7 2 × 7 = 14 3 × 7 = 21 4 × 7 = 28 5 × 7 = 35 6 × 7 = 42 7 × 7 = 49
1 × 8 = 8 2 × 8 = 16 3 × 8 = 24 4 × 8 = 32 5 × 8 = 40 6 × 8 = 48 7 × 8 = 56 8 × 8 = 64
1 × 9 = 9 2 × 9 = 18 3 × 9 = 27 4 × 9 = 36 5 × 9 = 45 6 × 9 = 54 7 × 9 = 63 8 × 9 = 72 9 × 9 = 81
```

图 3-16　九九乘法表

3. 输出两个直角三角形（请分别使用 for 循环和 while 循环实现），效果如图 3–17 所示。

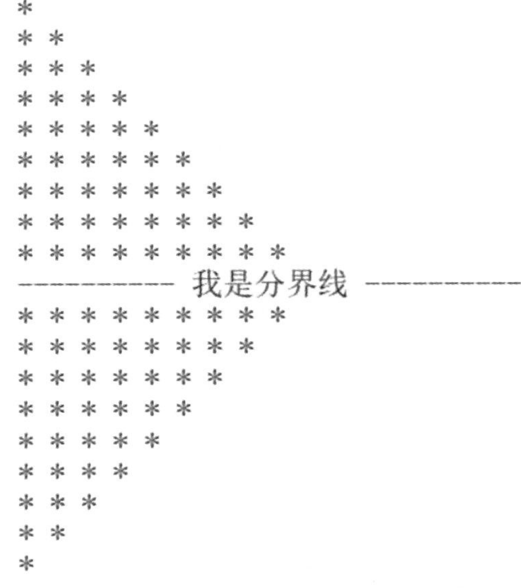

图 3-17　两个直角三角形

任务 3.3　小明什么时候能买到无人机

今年 7 月，小明参加的社团想要组织一次户外活动，小明作为社团的宣传部部长，想要购买一台无人机在这次户外活动中进行航拍，但是小明没有足够的资金购买无人机，所以他打算勤工俭学，利用勤工俭学的收入来购买无人机。

现在假设无人机的价格为 M 元，并且每月涨价 10%。小明勤工俭学的月薪为 X 元，每月上涨 15%。并且小明能够将每月勤工俭学的收入全部存下来。请你编写一个交互式程序，判断小明若从 2 月开始勤工俭学，在 7 月之前能不能买到无人机。

这个问题应该怎么解决呢？

可以总结为以下 3 点。

（1）小明的月薪为 X 元，每月上涨 15%。

（2）无人机价格为 M 元，每月上涨 10%。

（3）以小明的收入在 7 月前是否能买到无人机。

下面可以将小明买无人机的问题拆分成 4 个步骤。

（1）定义变量，分别存储小明的存款和当前月份。

（2）定义循环，根据小明的月薪和无人机的价格按照各自的增幅进行累加。

（3）每次循环前判断小明的存款是否大于无人机的价格。

（4）循环结束的条件有两个：① 小明的存款大于等于无人机价格；② 当前月对应的数字大于或等于 7。

我们来打一下草稿（在编程中叫作编写伪代码）。

```
sum = 0   # 小明的存款
month = 2 # 初始月
while month < 7 并且 sum < M : #循环成立的条件是小明的存款小于无人机价格且当前月对应的数字小于 7
    month = month + 1
    sum = sum + X
    X = X*1.15  # 月薪涨幅
    M = M*1.1   # 无人机价格涨幅
#如果 sum >= M  则输出在 7 月之前能买到无人机
#否则 输出在 7 月之前买不到无人机
```

通过草稿可以发现在这里还有一个问题，如何让计算机实现判断？计算机怎么决定接下来做什么呢？

要想让计算机实现判断，需要了解 Python 中的 if 语句。

3.3.1 if 语句

在生活中，我们经常需要先判断，然后才决定是否要做某件事情。例如在英语课上，英语老师告诉同学们如果这次英语口试作业得分为 100 分，将获得一本最新的英文杂志。

对于这种“需要先判断条件，条件满足后才运行的情况”，可以使用 if 语句来实现。

在 Python 中使用 if 语句的格式如下。

```
if(条件):
    <条件为真时运行的语句>
```

示例代码如下。

```
score = 100
if score == 100 :
    print("获得一本最新的英文杂志")
```

3.3.2 关系运算符与布尔类型

你有没有注意到，在上面的例子中，判断 score 是否等于 100 时，使用的不是“=”，而是“==”。

你可能会怀疑这样是不是写错了，其实这两个符号在 Python 中都是存在的，只是它们的含义不同，前者（=）表示赋值操作，后者（==）表示判断（判断两个数是否相等）。

要给变量赋值，Python 使用一个等号“=”，示例如下。

```
name = "张三"  # 一个等号是赋值操作
```

要判断是否相等，Python 使用双等号“==”，示例如下。

```
print(3 == 5)
print(5 == 5)
```

输出结果如下。

```
False
True
```

注意

混淆“=”和“==”是很多初学者容易犯的错误！

在这里“==”被叫作比较操作符（也叫作关系运算符），使用比较操作符会得出一个结果，这个结果只有固定的两个值：True 和 False，即真和假。

True 和 False 是 Python 中一种数据类型的值，这种数据类型是布尔类型，布尔类型只有这两个值。

注意

这里 True 和 False 中的 T 和 F 都是大写字母！

if 语句的运行流程被条件是否为 True 所控制，如图 3–18 所示。

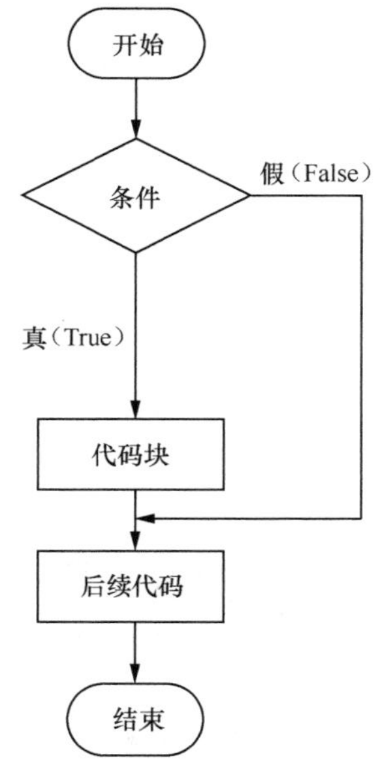

图 3-18　if 判断语句运行流程

在 Python 中关系运算符的作用是测试两个值之间的关系，大于等于号“>=”、小于等于号“<=”等都是关系运算符，这些常用的关系运算符与对应的数学符号的用法是类似的，但有两点与数学中不太一样，这两点需要记住。

（1）数学中使用“=”表示相等，Python 中使用“==”表示相等。

（2）数学中使用“≠”表示不等于，Python 中使用“!= ”表示不等于。

3.3.3 elif 语句判断结果为假

现在我们已经知道了判断的结果为真(True)，Python 会做些什么，但是如果第一次判断结果为假(False)，还想继续进行判断应该怎么办呢?

例如：判断考试成绩的等级时，在 60 分以下，输出“不及格”；60 ~ 80 分（包括 60 分，不包括 80 分）输出“良”；80 ~ 100 分（包括 80 分）输出“优秀”。

如果有这样的场景，可以使用 elif（这是 else if 的简写）再进行一次判断，示例如下。

```
score = 75
if score < 60 :
    print("不及格")
elif 60 <= score < 80 :
    print("良")
elif 80 <= score <= 100 :
    print("优秀")
```

运行结果如下。

```
良
```

如果所有判断结果都是假，但是还想要做其他工作。就要利用关键字 else 完成。else 总是在最后出现，即完成 if 和所有 elif 语句之后出现，示例如下。

```
score = 175
if score < 60 :
    print("不及格")
elif 60 <= score < 80 :
    print("良")
elif 80 <= score <= 100 :
    print("优秀")
else:
    print("成绩无效")
```

运行结果如下。

```
成绩无效
```

3.3.4 逻辑运算符

在编程中，经常需要判断多个条件。在 Python 中使用逻辑运算符可以对多个条件进行判断。

现在假设变量 a 为 True，变量 b 为 False，它们可以通过表 3-1 中的逻辑运算符进行运算。

表 3-1 逻辑运算符

运算符	逻辑表达式	描述	实例
And（与运算）	x and y	布尔“与”，如果 x 为 False，则 x and y 返回 False，否则它返回 y 的值	(a and b)返回 Flase
or（或运算）	x or y	布尔“或”，如果 x 和 y 其中一个为 True，则返回 True；如果 x 和 y 都为 False，则返回 False	(a or b)返回 True
not（非运算）	not x	布尔“非”，如果 x 为 True，not x 返回 False；如果 x 为 False，not x 返回 True	not(a and b)返回 True

现在理解逻辑运算符了吗？来做一道题吧！

请在下列代码的空白处加上逻辑运算符，让程序输出“False”“True”“True”。

```
a = 5
b = 10
print(a>b    a>=2*b)
```

```
print(   a<5)
print(a<b    b==2*a)
```

3.3.5 计算小明买到无人机的时间

接下来我们可以利用 if 语句来计算小明买到无人机的时间。

现在假设小明的月薪为 *X* 为 800 元，无人机的价格为 *M* 为 2000 元，编写的代码如下。

```
sum = 0         # 小明的存款
month = 2       # 初始月
X = 800         # 月薪
M = 2000        # 无人机的价格
while month < 7 and sum < M :
    month = month + 1
    sum = sum + X
    X = X*1.15 # 月薪涨幅
    M = M*1.1  # 无人机价格涨幅

if  sum >= M :
    print("小明将在", month,"月的时候买到无人机")
else:
    print("小明在 7 月之前买不到无人机")
```

运行结果如下。

```
小明将在 5 月的时候买到无人机
```

接下来，我们将程序改为交互式的。

```
sum = 0        # 小明的存款
month = 2      # 初始月
X = int(input("请输入小明的月薪: "))
M = int(input("请输入无人机价格: "))
while month < 7 and sum < M :
    month = month + 1
    sum = sum + X
    X = X*1.15 # 月薪涨幅
    M = M*1.1  # 无人机价格涨幅

if  sum >= M :
    print("小明将在", month,"月的时候买到无人机")
else:
    print("小明在 7 月之前买不到无人机")
```

运行结果如图 3–19 所示。

```
请输入小明的月薪: 1300
请输入无人机价格: 4200
小明将在 6 月的时候买到无人机
>>>
```

图 3-19　交互式程序运行结果

课后练习

1. 请问下列代码输出的结果是什么？

```
year = 2046;
if year %2 ==0:
    print("进入了 if")
else:
    print("进入了 else")
    print("退出")
```

2. 打篮球程序。编写一个交互程序，获取输入的人数，如果人数小于 10 人，就输出“打半场”，否则输出“打全场”。

3. 吃什么程序。使用多重条件判断语句编写一个交互程序，输入为今天的星期数，输出为今天吃什么食物，规则如下。

（1）输入“1”，则输出“今天吃米饭”。

（2）输入“2”，则输出“今天吃牛排”。

（3）输入“3”，则输出“今天吃鸡排”。

（4）输入其他数，则输出“今天吃红烧肉”。

4. 编写程序计算。假设有一对兔子，从出生后第 6 个月起每个月都生一对兔子，小兔子长到第 6 个月后每个月又生一对兔子，假如兔子都不死，问第 6 个月、第 10 个月、第 13 个月的兔子总数分别为多少？

5. 输出 1000 以内所有的“水仙花数”。所谓水仙花数，是指每位数字的 3 次幂之和等于它本身的三位数。例如：153 是一个水仙花数，原因如下。

$$153=1^3+5^3+3^3$$

任务 3.4　使用 Python 编写文字冒险游戏

有一个朋友找到你，想让你帮他编写一款文字冒险游戏，游戏名称为“野外求生之旅”，游戏目的是穿过山脉走到最近的城镇，游戏具体内容如下。

（1）游戏开始：领取 5 个游戏币（角色死亡会导致减少一个游戏币，游戏币耗尽则游戏结束）。

（2）现在角色被困在大山里，角色手里有一把斧子、一卷鱼线、一支鱼竿、一袋饼干、一个空瓶。角色朝着大山之外走去，穿过一片树林之后，看到一个池塘，这个时候请选择：“1.继续赶路”“2.钓鱼”“3.用空瓶装水”。

（3）如果选择“1.继续赶路”则输出“由于没有食物，角色死亡”。如果选择“3.用空瓶装水”则输出“因为喝了池塘的水导致中毒，角色死亡”。

（4）如果选择“2.钓鱼”则输出“角色钓到了两条鱼，前进了 10 千米”。

（5）接下来，游戏时间到了下午 6 点，角色走到了一处空旷的平地，请选择：“1.继续赶路”“2.钻木取火，扎营休息。”

（6）如果选择“1.继续赶路”则输出“天黑了，角色在大山里遇到了野兽，角色死亡”。

（7）如果选择“2.钻木取火，扎营休息”，则第二天会遇到一条小河，小河的水好像是流向山外的，这个时候请选择：“1.沿着河流前进”“2.制作竹筏，走水路”。

（8）如果选择“2.制作竹筏，走水路”，则输出“角色的竹筏撞到了一块石头，竹筏被撞坏了，角色溺水而亡”。

（9）选择“沿着河流前进”，则输出“角色沿着河流走出了大山，恭喜通关！”。

怎么编写这个游戏呢？

要完成游戏代码的编写，需要先将整个程序的流程梳理清楚，程序流程如图 3-20 所示。

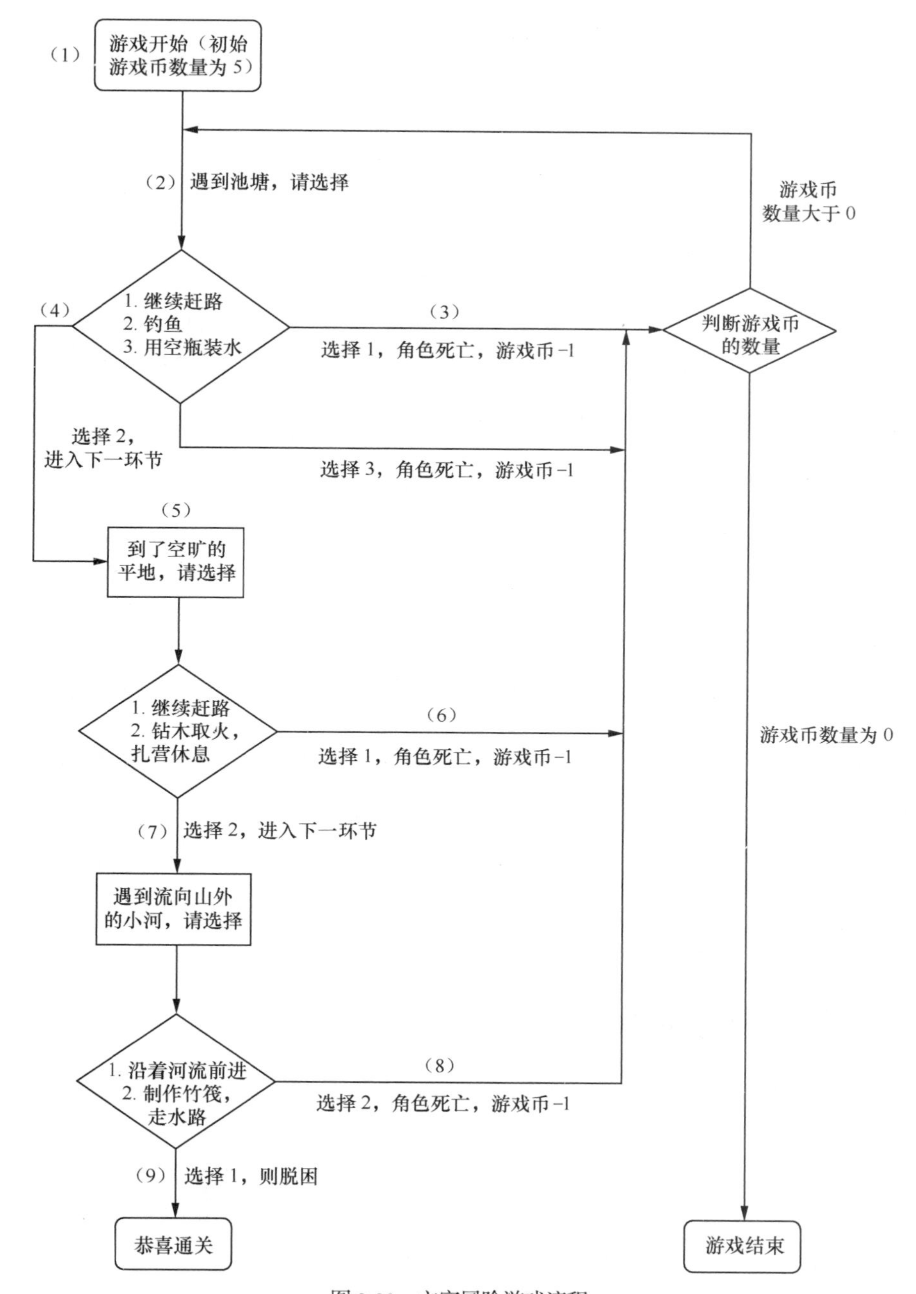

图 3-20　文字冒险游戏流程

通过对问题进行分析，可以发现以我们现阶段掌握的知识还无法编写以下两种情况的代码。

（1）游戏角色死亡的时候如何结束当前游戏，然后进入下一局游戏。

（2）游戏通关的时候如何结束游戏。

在 Python 中有两个关键字可以帮助我们解决这两个问题，所以要编写这个游戏，我们还需要学习这两个关键字：break 和 continue。

3.4.1 break 关键字

某些情况下，我们在编写循环语句的时候可能需要提前结束循环，这个时候可以使用 break 关键字，例如。

```
i = 1
while i <= 10:
    print(i)
    i = i + 1
    if i == 5:
       break
```

运行结果如下。

```
1
2
3
4
```

运行结果只输出了 1 ~ 4，这是因为当 i 等于 5 的时候我们使用 break 语句提前结束了这个循环。

break 翻译过来是“打断”，在 Python 程序中的作用就是结束当前循环。

但是如果不止一个循环，那 break 会对多个循环语句有什么影响呢？

编写代码如下。

```
for i in range(0,3):
    for j in range(0,3):
        if j == 2:
           break
        print("i =",i,"j =",j)
```

运行结果如下。

```
i = 0 j = 0
i = 0 j = 1
i = 1 j = 0
i = 1 j = 1
i = 2 j = 0
i = 2 j = 1
```

可以发现 i 的值有 0、1 和 2，而 j 的值只有 0，1。由此我们可以得出：在嵌套循环中，break 只能跳出当前循环语句。

3.4.2 continue 关键字

continue 与 break 类似，关键字 continue 的用途是结束本次循环，开始下一个循环，也就是忽略 continue 语句之后的语句，运行循环体的下一次循环，示例如下。

```
i = 1
while i <= 8:
    if i == 5:
        i = i + 1
        continue
    print(i)
    i = i + 1
```

运行结果如下。

```
1
2
3
4
6
7
8
```

可以发现，输出的结果中没有 5，这是因为在 i 为 5 的时候使用 continue 语句跳出了当前循环，直接运行下一次循环了。

可能你觉得已经掌握了 break 和 continue 的用法，但是不测一测怎么知道呢？

来做一道题吧，有如下代码。

```
i = 0
while i <= 20:
    i = i + 1
    if   :
        print(i,"是偶数")

    print(i,"是奇数")
if i == 13:
```

请你补充程序关键部分的代码，让程序输出结果如图 3-21 所示。

```
1 是奇数
2 是偶数
3 是奇数
4 是偶数
5 是奇数
6 是偶数
7 是奇数
8 是偶数
9 是奇数
10 是偶数
11 是奇数
12 是偶数
13 是奇数
```

图 3-21　使用 continue 语句输出结果

3.4.3　无限循环

无限循环也叫死循环。要避免出现死循环，需要将 if 判断语句与 continue 和 break 结合使用。

例如，设计一个循环，接收一个数字，这个程序只有两种情况才能退出，示例如下。

```
i = 0
while True:
    num = int(input("请输入一个数字："))
    if num == 1:
        i = i + 1
        continue
    elif num == 2:
        break
    if i >=4:
        break
```

运行这段代码会发现，只要一直输入“1”，程序就会一直运行，直到输入了 4 次 1，然后输入其他数字后程序结束，或者直接输入“2”，程序就结束了。

这段代码中，while True 就是一个无限循环，退出由 break 控制，跳过此次循环运行下一次循环由 continue 控制。

微课视频

3.4.4　完成文字冒险游戏代码编写

掌握了 continue 与 break 语句之后，我们就能完成文字冒险游戏代码的编写了，首先来编写游戏中第一个阶段的代码［任务 3.4 中的（1）～（4）］。

```
print("游戏开始，领取 5 个游戏币")
coin = 5        # 游戏币的数量

while True:    # 编写一个无限循环
    # 每次开始游戏要判断游戏币是否等于 0，如果游戏币等于 0 则游戏结束
    if coin = 0:
        print("游戏币不足，游戏结束")
        break  # 使用 break 语句结束游戏
    print("当前游戏币数量：",coin)
    print("角色被困在大山中，现在角色手里有一把斧子、一卷鱼线、一支鱼竿、一袋饼干、一个空瓶，角色的任务是走到山外的城镇。")
    print("角色朝着山外走去，穿过一片树林之后，看到一个池塘。")
    option1 = int(input("请选择：1.继续赶路；2.钓鱼；3.用空瓶装水  "))
    if option1 == 1:    # 选择 1
        print("由于没有食物，角色死亡")
        coin = coin -1 # 游戏币 -1
        continue        # 本次游戏结束，进入下一次游戏
    elif option1 == 3:
        print("因为喝了池塘的水导致中毒，角色死亡")
        coin = coin -1 # 游戏币 -1
        continue        # 本次游戏结束，进入下一次游戏
    elif option1 == 2: # 选择 2 进入下一环节
        print("角色钓到了两条鱼，前进了 10 千米")
        print("游戏时间到了下午 6 点，角色走到了一处空旷的平地。")
    else:
        print("请不要输入其他数字，游戏币-1")
        coin = coin -1
        continue
```

上述代码实现了游戏从开始到完成第一个场景。运行这段代码，输入“1”或“3”会导致游戏币-1，当游戏币为 0 时游戏失败。输入“2”则可以进入游戏的第二个的环节。

接下来完成整个游戏代码的编写。

```
print("游戏开始，领取 5 个游戏币")
coin = 5        # 游戏币的数量

while True:    # 编写一个无限循环
    # 每次开始游戏要判断游戏币是否等于 0，如果游戏币等于 0 则游戏结束
    if coin = 0:
        print("游戏币不足，游戏结束")
        break  # 使用 break 语句结束游戏
    print("当前游戏币数量：",coin)
    print("角色被困在大山中，现在角色手里有一把斧子、一卷鱼线、一支鱼竿、一袋饼干、一个空瓶，角色的任务是走到山外的城镇。")
    print("角色朝着山外走去，穿过一片树林之后，看到一个池塘。")
    option1 = int(input("请选择：1.继续赶路；2.钓鱼；3.用空瓶装水  "))
    if option1 == 1:    # 选择 1
        print("由于没有食物，角色死亡")
        coin = coin -1 # 游戏币 -1
        continue # 本次游戏结束，进入下一次游戏
    elif option1 == 3:
        print("因为喝了池塘的水导致中毒，角色死亡")
        coin = coin -1 # 游戏币 -1
        continue # 本次游戏结束，进入下一次游戏
    elif option1 == 2: # 选择 2 进入下一环节
        print("角色钓到了两条鱼，前进了 10 千米")
        print("游戏时间到了下午 6 点，角色走到了一处空旷的平地。")
        option2 = int(input("请选择：1.继续赶路；2.钻木取火，扎营休息  "))
        if option2 == 1:
            print("天黑了，角色在大山里遇到了野兽，角色死亡")
            coin = coin - 1
            continue
        elif option2 == 2:
```

```
            print("第二天遇到了一条小河，小河的水好像是流向山外的。")
            option3 = int(input("请选择：1.沿着河流前进；2.制作竹筏，走水路  "))
            if option3 == 2:
                print("角色的竹筏撞到了一块石头，竹筏被撞坏了，角色溺水而亡")
                coin = coin -1
                continue
            elif option3 == 1:
                print("角色沿着河流走出了大山，恭喜通关！")
                break
    else:
        print("请不要输入其他数字，游戏币-1")
        coin = coin -1
        continue
```

课后练习

1. 以下关于 break 和 continue 语句的叙述中正确的是（　　）。

A. continue 语句的作用是结束整个循环的运行

B. break 和 continue 语句都可以出现在循环语句的循环体中

C. break 语句不能强制结束循环

D. 运行循环语句中的 break 或 continue 语句都将立即终止循环

2. 下面程序的运行结果为______。

```
count = 0
 for i in range(0,3):
     for j in range(0,3):
         if j == 0:
             continue;
         else:
             count = count + 1
             break
print(count)
```

3. 计算出 1 ~ 100 所有不能被 7 整除的整数之和。

项目小结

在本项目中我们使用 Python 编写了 4 个程序。

1. 计算从 1 加到 100 的和。
2. 输出直角三角形。
3. 计算小明什么时候能买到无人机。
4. 文字冒险游戏——“野外求生之旅”。

通过编写这些程序，我们学到了许多 Python 基础知识，具体如下。

1. 在 Python 中可以使用 while 语句实现循环。
2. 需要保证整个 Python 程序中代码的缩进相同，程序才可以正常运行。
3. 嵌套循环就是在一个循环体里嵌入另一个循环。
4. for 循环比 while 循环更简洁。
5. 在 Python 中想要表示多个数据的集合可以使用列表。
6. 使用 range()函数创建列表更方便。

7. 使用 if 语句进行判断，可以使编写的程序具备决策能力。

8. 数学中使用“=”表示相等，Python 中使用“==”表示相等。

9. 数学中使用“≠”表示不相等，Python 中使用“!=”表示不相等。

10. Python 数据类型中的布尔类型只有两个值，即 True 和 False。

11. 逻辑运算符：and（与运算）、or（或运算）、not（非运算），可以使用逻辑运算符连接多个条件。

12. break 关键字：结束整个循环。

13. continue 关键字：结束本次循环，开始下一个循环。

项目习题

1. 求 5!和 10!的值，并输出（5!表示 5 的阶乘，即 $5\times4\times3\times2\times1$）。

2. 求 1+2!+3!+…+20!的和。

3. 有 5 个人坐在一起，问第 5 个人多少岁，他说他比第 4 个人大 2 岁；问第 4 个人岁数，他说他比第 3 个人大 2 岁；问第 3 个人，又说比第 2 个人大 2 岁；问第 2 个人，说比第 1 个人大 2 岁；最后问第 1 个人，他说是 10 岁。请问第 5 个人多大?

项目四

处理身边的数据——Python 数据类型

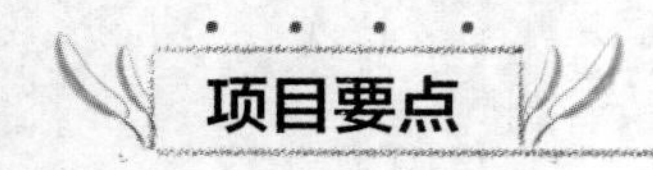

项目要点

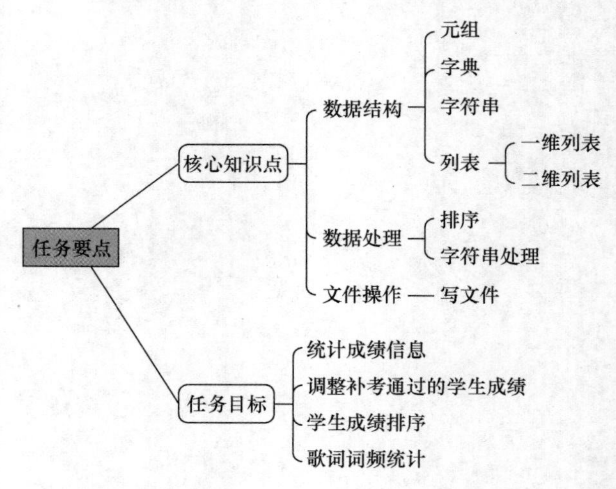

项目场景

问：请问如何编写代码保存班上 5 位同学的考试成绩？

答：简单，定义 5 个变量就行。

问：现在班上有 100 位学生，需要保存他们的成绩，计算他们的成绩平均值、最高分，并且要将成绩排序，该怎么办？

答：这个……

相信你已经发现了，如果仅仅使用 Python 的基础数据类型，难以存储大量数据。

Python 提供了列表与字典这两种数据类型来帮助开发者解决临时存储大量数据的问题。Python 可以将很多数据存储在某种“集合”中，这样就能对整个集合进行处理。一类集合叫作列表，另一类叫作字典。在这个项目中，我们将利用列表和字典处理更多的数据。

任务 4.1　统计成绩信息

微课视频

你的第一个任务是使用 Python 统计学生的成绩信息，需求如下。

（1）可以依次录入 6 位学生的成绩。

（2）计算学生成绩的平均分。

（3）找出最高分。

（4）对所有学生的成绩进行降序（从大到小）排序。

要完成统计成绩信息的任务，需要先解决数据存储的问题。而在 Python 中使用列表来存储同一种类型的数据非常方便。

4.1.1 创建列表

在生活中存储东西需要使用容器（例如存储水需要水杯），在编程中也类似，要存储大量数据可以使用列表作为容器。

例如，定义一个名为 friends 的列表，表示所有的朋友，如图 4–1 所示。

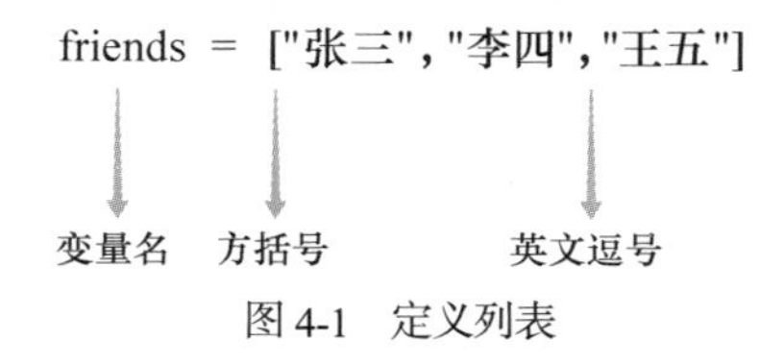

图 4-1　定义列表

列表由一系列按特定顺序排列的元素组成。用方括号“[]”来表示，用逗号“,”来分隔其中的元素。

如果想要创建一个有规律的列表，可以使用更方便的方式来创建，代码如下。

```
arr = [i*2 for i in range(5)]
print(arr)
```

运行结果如下。

```
[0, 2, 4, 6, 8]
```

这种方式也被称为列表推导式。

4.1.2 获取列表中的元素

列表中元素是有序排列的，每个元素都有自己的位置编号（索引）。可以通过“列表名[索引]”来获取列表中某个元素，如图 4–2 所示。

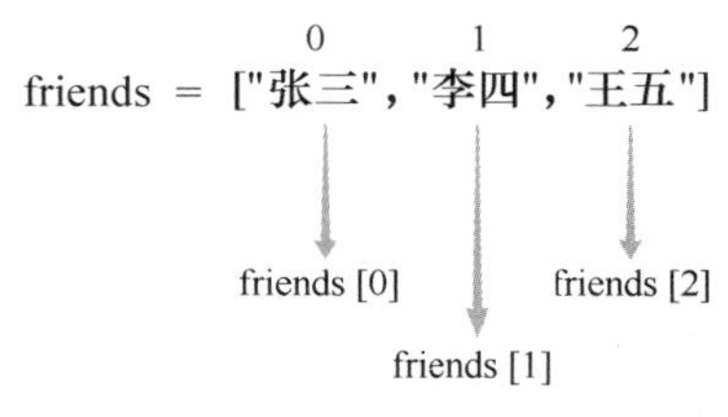

图 4-2　获取列表中的元素

获取列表中元素的示例代码如下。

```
friends = ["张三","李四","王五"]
print(friends[0])
```

运行结果如下。

```
张三
```

要获取列表的第 1 个元素，需要使用 friends[0]。可能你会有疑问，为什么索引是从 0 开始的而不是从 1 开始的？

主要原因是：计算机的内部是使用二进制的方式来存储数据的，而不是我们常用的十进制。为了高效地使用比特位，内存位置和列表索引从 0 开始。

基于此，列表的第一个元素对应的索引为 0。

知道了索引是从 0 开始的，接下来要请你看看下面这段代码有没有什么不对劲的地方。

```
scores = [90,80,70]
print(scores[0])
print(scores[3])
```

运行这段代码你会得到图 4-3 所示的结果。

```
Python 3.8.1 Shell
File Edit Shell Debug Options Window Help
90
Traceback (most recent call last):
  File "D:/pyproj/1.py", line 3, in <module>
    print(scores[3])
IndexError: list index out of range
>>>
                                        Ln: 10  Col: 4
```

图 4-3　列表索引越界错误

可以发现第 2 行代码正常运行了，但是第 3 行代码报错了，这里的错误提示为“list index out of range”，意思就是列表索引越界了（这是初学者学习列表时容易犯的错误），在 scores 列表中只有 3 个元素，但是 scores[3]访问的是第 4 个元素，列表中没有第 4 个元素，所以报错了。

注意

列表索引的最大值为：列表的长度减 1。

4.1.3　获取列表中的多个元素

列表支持一次性获取多个元素。

获取多个元素可以使用列表的切片（类似数学的区间）操作，通过“列表名[起始索引:结束索引]”即可提取多个元素，示例如下。

```
friends = ["张三","李四","王五","赵六"]
print(friends[0:2])  #和print(friends[:2])效果相同
print(friends[2:4])  #和print(friends[2:])效果相同
```

运行结果如下。

```
['张三', '李四']
['王五', '赵六']
```

上述代码中，friends[0:2]和 friends[:2]效果相同，只写结束索引即意味着开始索引默认从 0 开始。friends[2:4]和 friends[2:]效果相同，只写开始索引即意味着结束索引默认为列表的长度。

4.1.4　向列表添加/删除元素

向列表添加元素可以使用 append()函数，示例如下。

```
friends = ["张三","李四","王五"]
friends.append("赵六")  # 添加元素
print(friends)
```

运行结果如下。

```
['张三', '李四', '王五', '赵六']
```

要删除元素可以使用“del 列表名[索引] ”或者“del 列表名[起始索引: 结束索引]”，示例如下。

```
friends = ["张三","李四","王五","赵六"]
del friends[0]
print(friends)
del friends[0:2]
print(friends)
```

运行结果如下。

```
['李四', '王五', '赵六']
['赵六']
```

4.1.5 录入学生成绩

掌握了列表的知识后，就能录入学生成绩了，代码如下。

```
i = 0
student_scores = [] # 定义空列表存储学生成绩
while i < 6: # 使用循环控制录入成绩的次数
    print("请输入第",(i+1),"位学生的成绩")
    score = int(input()) # 获取某位学生的成绩
    student_scores.append(score) # 将每次录入的成绩存入列表
    i = i + 1
print(student_scores)
```

运行结果如图 4–4 所示。

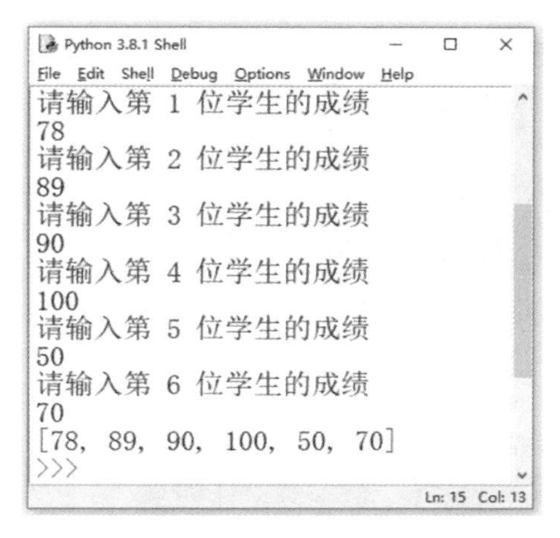

图 4-4　录入学生成绩程序运行结果

4.1.6 计算平均分

因为平均分=总分 ÷ 学生数，所以要想计算平均分，首先需要求出总分。学生的成绩信息存储在列表中，可以使用循环获取列表中的元素，然后求出总分，最后计算平均分，编写代码如下。

```
i = 0
student_scores = []
while i < 6:
    print("请输入第",(i+1),"位学生的成绩")
    score = int(input())
    student_scores.append(score)
    i = i + 1
# 求总分
sum = 0
for score in student_scores:
    sum = sum + score
print("总分为: ",sum)
print("平均分为: ",sum/len(student_scores))
```

通过这段代码就能求出平均分。

但是这段代码的最后一行中的 len(student_scores) 我们还没有介绍。

其实可以很容易地猜到 len(student_scores)等于 6，但是为什么不将它直接写成 6 呢？这是因为在很多时候列表的长度不是固定的，是会变化的，而 len(student_scores)可以用于计算变化后的列表的长度。

注意　求和还有一种更简单的方法，即 sum(student_scores)，不过自己编码实现的求和功能更加灵活。

4.1.7 计算最高分

在编程中求最高分就像“打擂台”，我们可以定义一个擂主、若干个挑战者，挑战者如果战胜了这个擂主，该挑战者就成为擂主，直到最后没有挑战者，代码如下。

```
max = student_scores[0] # 定义最大值为列表第一个元素
#使用 for 循环实现
for score in student_scores:
    if max < score:
       max = score # 挑战者成为擂主
print("擂主为：",max)

#使用 while 循环实现
i = 1
while i < len(student_scores):
    if max < student_scores[i]:
       max = student_scores[i] #挑战者成为擂主
    i = i + 1
print("擂主为：",max)
```

4.1.8 对成绩排序

对 Python 的列表进行排序很简单，只要使用 sort()函数即可。

```
student_scores.sort()
print(student_scores)
```

运行结果如下。

```
[50, 70, 78, 89, 90, 100]
```

但是这个结果不符合要求，任务的要求是降序（从大到小）排列，而使用 sort()函数得到的结果是升序排列的。

要得到符合要求的结果可以使用 reverse()函数，示例如下。

```
student_scores.sort()
student_scores.reverse()
print(student_scores)
```

运行结果如下。

```
[100, 90, 89, 78, 70, 50]
```

当然，直接在 sort()函数中加上一个参数（reverse=True）也可实现降序排列，即将结果翻转过来，示例如下。

```
student_scores.sort(reverse = True)
print(student_scores)
```

运行结果如下。

```
[50, 70, 78, 89, 90, 100]
```

课后练习

1. 请编写交互程序，获取 6 次用户输入的华氏温度 F 并通过列表保存，然后依次将列表中的华氏温度转换为摄氏温度 C，并存储在列表中，最后将列表中数据输出，温度转换公式如下。

$$C=\frac{5}{9}(F-32)$$

2. 编写交互程序，获取用户输入的 6 个名字并存入列表中，然后对列表进行如下操作。

第一步：将该列表末尾的元素删除，并将这个被删除的元素保存到 deleted_list 变量。

第二步：将 deleted_list 插入到第一步删除后的列表索引位置为 2 的地方。

第三步：将第二步处理过的列表索引位置为 1 的元素删除。

第四步：输出 deleted_list 变量。

第五步：输出处理之后的列表。

任务 4.2　调整补考通过的学生成绩

在实际考试中，第一次考试不及格的同学有一次补考的机会，如果补考分数达到 60 分及以上，则补考的成绩可以被调整为 60 分。

每次补考完成之后需要给补考通过的学生调整分数，将原来不及格的分数调整为 60 分，现在请你编写一个程序将所有补考通过的学生成绩调整为 60 分。

各科成绩如表 4–1 所示。

表 4-1　各科成绩表

语文	数学	英语	历史
90	50	49	100
80	70	7	80
50	55	44	61

现在需要编写代码，将不及格的分数调整至 60 分。

要调整分数，首先需要存储这些学生的分数，但是这里的数据是用表格呈现的，我们现在只知道两种存储数据的方式。

（1）使用变量存储一个数据。

```
score = 90
```

（2）使用列表存储一行数据。

```
scores = [90,50,49,100]
```

现在需要存储的数据是用表格呈现的，这该怎么保存呢？

这种类型的数据在 Python 中可以使用二维列表表示。

4.2.1　创建二维列表

二维列表是以一维列表作为元素的列表。

要使用二维列表，需要先定义它，定义（也称创建）二维列表有两种方式。

（1）以静态方式创建，在已知所有二维列表数据的时候可以使用静态方式定义。

```
stu_scores = [
    [0,0,0],
    [1,1,1],
    [2,2,2]   # 结尾不要有逗号
]
```

（2）以动态方式创建，在不知道二维列表数据的时候可以使用动态方式定义。

例如：使用循环方式创建一个值为 0 的二维列表。

```
stu_scores = []
for i in range(3):
    temp_list = []
    for j in range(3):
       temp_list.append(0)
    stu_scores.append(temp_list)
print(stu_scores)
```

运行结果如下。

```
[[0, 0, 0], [0, 0, 0], [0, 0, 0]]
```

4.2.2 修改二维列表的值

要修改二维列表中某个元素的值，首先需要对列表中的元素进行访问。

访问二维列表中的元素分为以下两个步骤。

（1）确定要访问的元素在哪一行。

（2）确定要访问的元素在哪一列。

例如要访问二维列表中第二行第三列的元素，如图 4-5 所示。

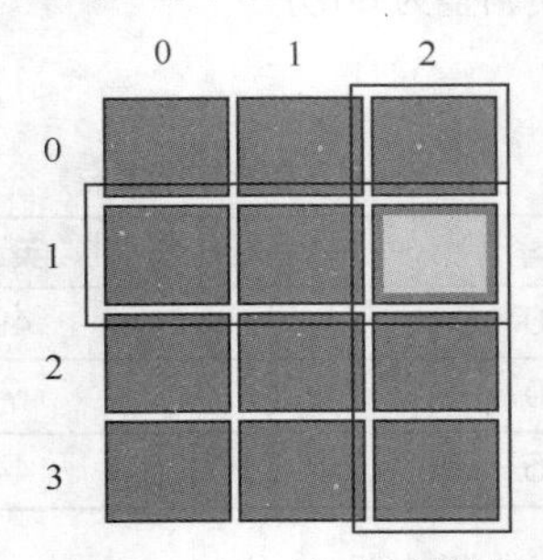

图 4-5 访问二维列表的数据

先确定行，要访问第二行，即：

```
stu_scores[1]
```

然后确定列，要访问第三列，即：

```
stu_scores[1][2]
```

这样就能访问到想要访问的元素。

访问到二维列表的元素之后对该元素重新赋值即可修改它的值，代码如下。

```
stu_scores = [
    [0,0,0],
    [1,1,1],
    [2,2,2],
    [3,3,3]
]
stu_scores[1][2] = 999
print(stu_scores)
```

运行结果如下。

```
[[0, 0, 0], [1, 1, 999], [2, 2, 2], [3, 3, 3]]
```

4.2.3 遍历二维列表

看到这个标题，可能你会有疑问——“遍历”是什么意思？

在编程中经常要用到遍历，你可以将遍历列表理解为将列表中所有的元素都“看”一遍。

下面我们来遍历二维列表，循环输出列表中的元素，代码如下。

```
stu_scores = [
    [0,0,0],
    [1,1,1],
    [2,2,2]
]

for i in range(len(stu_scores)):
    # 定位每一行的元素，len(stu_scores[i])代表每一行的长度
    for j in range(len(stu_scores[i])):
        print(stu_scores[i][j],end = " ")
    print("")
```

运行结果如下。

```
0 0 0
1 1 1
2 2 2
```

上面这段代码有双重循环，第一重循环遍历的是行，遍历次数为 len(stu_scores)，len(stu_scores)代表的是 stu_scores 列表的长度。第二重循环遍历的是当前行的列，遍历次数为 len(stu_scores[i])，len(stu_scores[i])代表的是当前行的长度，通过双重循环就可以遍历整个二维列表了。

4.2.4 调整补考通过的学生成绩

了解了二维列表后，通过以下 3 个步骤即可调整补考通过的学生成绩。

（1）定义学生成绩列表。

（2）遍历所有学生成绩。

（3）判断成绩是否低于 60 分。如果是则调整为 60 分。

基于上述 3 个步骤，编写代码如下。

```
student_scores = [
    [90,50,49,100],
    [80,70,7,80],
    [50,55,44,61]
]

for i in range(len(student_scores)):
    for j in range(len(student_scores[i])):
        if student_scores[i][j] < 60:
            student_scores[i][j] = 60
print(student_scores)
```

运行结果如下。

```
[[90, 60, 60, 100], [80, 70, 60, 80], [60, 60, 60, 61]]
```

这样就实现了调整补考成绩的功能。但是目前这个程序只是把结果输出到屏幕上，还无法保存结果。如果现在需要将这个处理后的结果发送给其他人，这个程序还无法做到。

因为将结果输出到屏幕上，运行窗口被关掉后结果就没了，要想将结果分享给其他人，还需要将结果存储到文件中。

接下来我们将结果写入 CSV 文件，代码如下。

```
import csv
with open('D://stu_scores.csv', 'w') as csvfile:
    head = ['语文','数学',"英语","历史"]
    writer = csv.writer(csvfile)
    writer.writerow(head)          # 写入一行数据
writer.writerows(student_scores)   # 写入多行数据
```

将这段代码与之前处理数据的代码合并，然后运行代码，即可看到 D 盘下生成了一个名为“stu_scores.csv”的文件，打开该文件即可看到数据已经写入，我们的任务也完成啦。

注意　CSV 文件是电子表格文件，该文件以纯文本形式存储表格数据，在 Python 中经常使用 CSV 文件来存储数据。

课后练习

1. 定义二维列表：[[100,59],[20,100],[22,33]]，然后将该二维列表的值改为：[[1,2],[1,2],[1,2]]。

2. 现有数据如下：

```
[["小 A","女",21,"大一"],["小 B","男",23,"大三"],["小 C","男",24,"大四"],["小 D","女",21,"大一"],["小
E","女",22,"大四"],["小 F","男",21,"大一"],["小 G","女",22,"大二"],["小 H","女",20,"大三"],["小 I","女
",20,"大一"],["小J","男",20,"大三"]]
```

请编写代码找出所有大一学生的信息并输出。

微课视频

任务 4.3　学生成绩排序

在任务 4.2 中，我们将学生补考通过的成绩调整为 60 分。

但是这些数据只呈现为成绩列表，我们不知道其中的成绩代表的是哪位同学的成绩。

真实情况下他们的成绩信息应该如表 4–2 所示。

表 4-2　学生成绩信息

学生姓名	语文	数学	英语	历史
张三	90	50	49	100
李四	80	70	100	80
王五	50	55	44	61

这一次要请你将学生信息按照总成绩进行降序排序，然后将排序后的信息保存至 CSV 文件中。

要解决这个问题，首先需要先保存表 4–2 中的数据。通过查看数据可知，学生的成绩信息是一一对应的，学生姓名对应的是该学生的成绩列表，它们是一个整体。

在 Python 中可以使用字典保存这种一一对应的数据。

4.3.1　创建字典

Python 中的字典是一种将两个数据关联起来的数据类型，被关联的两个数据，一个被称为键（key），另一个被称为值（value）。

字典中的每一个条目（item）都由一个键和一个值组成，它们合称键值对（key–value）。

例如创建一个姓名与手机号码对应的字典，可以看到姓名是键，手机号码是值，如图 4–6 所示。

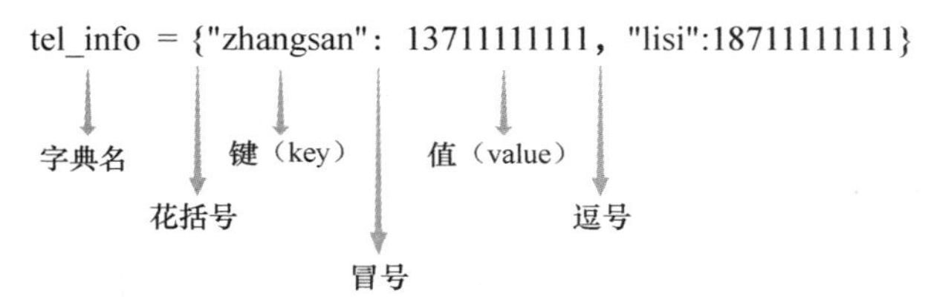

图 4-6　创建姓名与手机号对应的字典

接下来可以利用字典保存学生成绩信息，编写代码如下。

```
student_scores = {
    "张三":[90,50,49,100],
    "李四":[80,70,100,80],
    "王五":[50,55,44,61]
}
```

4.3.2　添加数据

为字典添加数据很简单，使用“字典名[key] = value”即可，示例如下。

```
tel_info = {"zhangsan":13711111111,"lisi":18711111111}
tel_info["wangwu"] = 13911111111
print(tel_info)
```

运行结果如下。

```
{'zhangsan': 13711111111, 'lisi': 18711111111, 'wangwu': 13911111111}
```

4.3.3　删除数据

使用“del 字典名[key]”可以删除字典中的数据，示例如下。

```
tel_info = {"zhangsan":13711111111,"lisi":18711111111}
del tel_info["zhangsan"]
print(tel_info)
```

运行结果如下。

```
{'lisi': 18711111111}
```

4.3.4　字典排序

使用 sort( )函数可以对列表进行排序，使用 sorted( )函数可以对字典进行排序。

使用 sorted( )函数需要传入以下两个参数。

（1）第一个参数是键值对，键值对可以通过“字典名.items( )”获取。

（2）第二个参数是一个 lambda 函数（又称匿名函数，即没有名字的函数），第二个参数决定按照什么规则进行排序。

注意

参数是函数的组成部分，参数本质上是一个变量。

接下来通过一个示例来学习 sorted( )函数的用法，代码如下。

```
info = {"zhangsan":[100,50,10],"lili":[1,2,3],"james":[10,20,100]}
#info.items 获取所有条目，item 表示每一个条目，item[1]表示每一个条目的值，item[0]表示每一个条目的键。Sorted 函数会排序后生成一个新的列表。
new_info = sorted(info.items(),key = lambda item:item[1][0]) # 表示按照每一个条目中列表的第一个值进行升序排序
print(new_info)
```

运行结果如下。

```
[('lili', [1, 2, 3]), ('james', [10, 20, 100]), ('zhangsan', [100, 50, 10])]
```

字典排序的核心代码是：sorted(info.items( ), key = lambda item:item[1][0])。这么多陌生代码可能不太好理解，只要将这段代码拆解就很容易理解了。

（1）info.items( )会返回字典所有的条目：[('zhangsan', [100, 50, 10]), ('lili', [1, 2, 3]), ('james', [10, 20, 100])]。

（2）lambda 用来定义一个函数。

（3）item 代表字典所有条目中的某一个条目（排序函数会在运行的时候访问所有条目），例如第一个条目为('zhangsan', [100, 50, 10])。

（4）item[1]为[100,50,10]，item[1][0]则是 100。

注意 排序完成之后如果使用 print()函数输出 info 字典，会发现 info 没有变化，在这里 sorted()函数并不会像 sort()函数那样改变原有变量的顺序，而是会生成一个新变量。

综上，整行核心代码的意思为按照每一项中列表的第一个值进行升序排序，并生成一个新的列表。

但是为什么最后生成的不是字典而是一个列表呢？这个问题要请你自己思考（想一想列表和字典的特点）。

这里使用的 sorted( )函数默认进行升序排序，如果需要实现降序排序可以在 sorted( )函数中加上一个参数 reverse = True，示例如下。

```
new_info = sorted(info.items(),key = lambda item:item[1][0],reverse = True)
```

4.3.5 出现了圆括号——元组

不知道你有没有注意到，4.3.4 小节的排序结果中出现了圆括号( )，示例如下。

```
('lili', [1, 2, 3])
```

这个圆括号的作用是什么呢？

我们学过方括号[]和花括号{}，Python 中方括号标注的是列表，花括号标注的是字典。圆括号标注的也是 Python 中的一种数据类型——元组（tuple）。

Python 中的元组与列表的不同之处有以下两点。

（1）元组使用圆括号( )，列表使用方括号[]。

（2）元组中的元素不可以更改，列表中的元素可以更改。

创建元组的方法很简单，只需要在圆括号中添加元素，并使用逗号分隔即可，示例如下。

```
tup1 = (1, 2, 3)
tup2 = ('zhangsan','lisi')
```

4.3.6 掌握 3 个函数

学生成绩排好序之后，需要将这些数据写入 CSV 文件，为此我们还需要掌握 3 个函数。

首先要掌握的是 keys( )和 values( )函数，keys( )和 values( )函数可以分别提取字典所有的键和所有的值，示例如下。

```
student_scores = {
    "张三":[90,50,49,100],
    "李四":[80,70,100,80],
    "王五":[50,55,44,61]
}
```

```
print(student_scores.keys())
print(student_scores.values())
print(list(student_scores.keys()))   # 转换数据类型
print(list(student_scores.values())) # 转换数据类型
```

运行结果如下。

```
dict_keys(['张三', '李四', '王五'])
dict_values([[90, 50, 49, 100], [80, 70, 100, 80], [50, 55, 44, 61]])
['张三', '李四', '王五']
[[90, 50, 49, 100], [80, 70, 100, 80], [50, 55, 44, 61]]
```

最后需要掌握的函数是 extend( )函数，extend( )函数用法示例如下。

```
scores = [50,60]
s1 = [1,2,3]
s2 = [4,5,6]
scores.append(s1)
scores.extend(s2)
print(scores)
```

运行结果如下。

```
[50, 60, [1, 2, 3], 4, 5, 6]
```

通过这个示例你能发现 append( )函数和 extend( )函数的区别吗?

4.3.7 完成成绩排序

基于 4.3.4 小节至 4.3.6 小节的内容，我们终于能解决学生成绩的排序问题了。

首先回顾一下问题：将所有学生信息按照总成绩进行降序排序，然后将排序后的信息保存至 CSV 文件中。

学生成绩信息如表 4–2 所示。

接下来完成本小节的挑战，编写代码如下。

```
student_scores = {
    "张三":[90,50,49,100],
    "李四":[80,70,100,80],
    "王五":[50,55,44,61]
}
# 按照总分进行排序
new_stu_scores = sorted(student_scores.items(),key = lambda item:item[1][0] + item[1][1] +
item[1][2] + item[1][3] ,reverse=True)
# 将元组类型转换为字典
new_stu_scores = dict(new_stu_scores)
# 保存至 CSV 文件
import csv
with open('D://new_stu_scores.csv', 'w') as csvfile:
    head = ['学生姓名','语文','数学',"英语","历史"]
    writer = csv.writer(csvfile)
    writer.writerow(head) #写入首行数据
    keys = list(new_stu_scores.keys()) # 获取所有 key 并转换成列表
    values = list(new_stu_scores.values()) # 获取所有 value 并转换成列表
    for line in range(len(keys)):
        row = []   # 将学生姓名和成绩组合成一个列表
        row.append(keys[line])
        row.extend(values[line])
        writer.writerow(row)  # 写入一行数据
```

运行这段代码，然后进入 D 盘，打开“new_stu_scores.csv”文件，可以发现排序后的成绩已经被写入该文件，如图 4–7 所示。

	A	B	C	D	E
1	学生姓名	语文	数学	英语	历史
2	张三	90	50	49	100
3	李四	80	70	100	80
4	王五	50	55	44	61

图 4-7　文件中的成绩

课后练习

1. 我们对学生成绩进行排序是通过总分排序，你能编写一个可以根据英语成绩降序排序的程序吗？

2. 模拟登录程序，有用户数据如下。

```
用户名        密码
zhangsan    123456
xiaoma      12345678
laoma       87654321
lisi        admin123
```

请创建字典保存用户数据，然后编写程序实现如下功能。

（1）用户输入用户名和密码可以进行登录。

（2）若用户名和密码与用户数据匹配则输出“登录成功”。

（3）若用户名与密码不匹配则输出“登录失败，请检查用户名和密码”。

（4）若用户名不存在则输出“用户名不存在，请检查输入是否有误”。

任务 4.4　歌词词频统计

首先让我们一起来看一段歌词。

```
Happy Birthday To You;
Happy Birthday To You;
Happy Birthday dear my friend.
Happy Birthday To You;
Happy Birthday To You;
Happy Birthday To You;
Happy Birthday dear my friend.
Happy Birthday To You;
Happy Birthday To You;
Happy Birthday To You;
Happy Birthday dear my friend.
Happy Birthday To You;
Happy Birthday To You;
Happy Birthday To You;
Happy Birthday dear my friend.
Happy Birthday To You;
```

你应该知道这首生日歌，本任务就是统计其中每个单词出现的次数，并将结果保存至字典中。

微课视频

要想实现对生日歌中单词的统计，可以分为以下两个步骤。

（1）对相同的单词进行统计。

（2）将统计的结果保存至字典中。

要完成本任务，我们还需要学习一个技能——字符串处理。

4.4.1 字符串

在之前的项目中，我们反复提到过字符串，但是没有进行很详细的探讨，现在就来与字符串“做一次深入交流吧”！

在计算机中要表示英文、中文、日文等文字，就会用到字符串这种数据类型。

字符串是 Python 中常用的数据类型。可以使用单引号（'）或双引号（"）来定义字符串，示例如下。

```
str1 = 'hello '  # 使用单引号定义字符串
str2 = "world"   # 使用双引号定义字符串
str3 = str1 + str2 # 字符串拼接
print(str3)
```

运行结果如下。

```
hello world
```

从上面代码可以看出，使用“+”，可以将两个字符串进行拼接，这是我们学到的“+”的第二种用法。

但是字符串不允许直接与其他类型的数据进行拼接，如果要与其他类型的数据拼接，需要先使用 str()函数将其他类型数据转换为字符串，示例如下。

```
eat = "我今天读了"
num = 3
rice = "本书"

#print(eat + num + rice)       # 这是错误的代码
#正确的做法是先将其他类型数据转换为字符串，然后用“+”拼接
print(eat + str(num) + rice)
```

运行结果如下。

```
我今天读了 3 本书
```

4.4.2 字符串常用操作

字符串常用的操作有以下 4 种。

（1）字符串查找。

（2）字符串截取。

（3）字符串替换。

（4）字符串分割。

4.4.2.1 字符串查找

Python 提供了内置的字符串查找函数 find()，利用该函数可以在一个较长的字符串中查找一小段字符串（子字符串，简称子串）。

如果字符串中有一个或者多个子串，则返回第一个子串所在位置的最左端索引；若没有找到符合条件的子串，则返回–1。

find()函数的基本语法如下。

```
source_string.find(sub_string)
```

find()函数中各参数的含义如下。

（1）source_string：源字符串；

（2）sub_string：待查的目标子串。

例如，在一个字符串中查找两个单词的索引。

```
# 创建一个字符串
source_string = '众志成城'
# 查看"成"在 source_string 字符串中的索引
print(source_string.find('成'))
# 查看"武"在 source_string 字符串中的索引
print(source_string.find('武'))
```

运行结果如下。

```
2
-1
```

4.4.2.2 字符串截取

字符串其实也可以看作一个字符列表，所以截取字符串可以使用列表的切片操作，格式如下。

```
str[start:end:step]
```

str()函数中各参数的含义如下。

（1）str：表示要截取的字符串。

（2）start：表示要截取的第一个字符的索引，如果不指定则默认为 0。

（3）end：表示要截取的最后一个字符的索引，如果不指定则默认为字符串的长度。

（4）step：表示步长，步长可以省略，默认为 1。

字符串索引示意如图 4-8 所示。

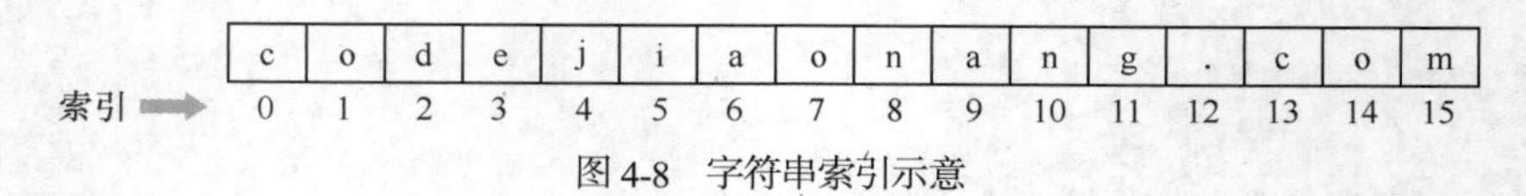

图 4-8　字符串索引示意

字符串截取时的常用代码如下所示。不难发现，字符串截取操作与列表的切片操作如出一辙。

```
web_info = "codejiaonang.com"
str1 = web_info[0:11]
str2 = web_info[0:len(web_info)]
str3 = web_info[-1:0:-1] #第一个-1 可以表示字符串的最后一个位置
str4 = web_info[::-1]
str5 = web_info[0::2]
print(str1)
print(str2)
print(str3)
print(str4)
print(str5)
```

运行结果如下。

```
codejiaonan
codejiaonang.com
moc.gnanoaijedo
moc.gnanoaijedoc
cdjann.o
```

看到这个运行结果，你可以解释一下第 2 行到第 5 行代码的作用吗？

4.4.2.3 字符串替换

Python 提供的 replace()函数可以替换给定字符串中的子串，语法如下。

```
source_string.replace(old_string, new_string)
```

replace()函数中各参数的含义如下。

（1）source_string：待处理的源字符串。

（2）old_string：被替换的旧字符串。

（3）new_string：替换的新字符串。

例如，在如下字符串中，用“湖北”替换“武汉”。

```
source_string = '武汉加油'
```

```
# 利用 replace()函数用子串"湖北"代替子串"武汉"
print(source_string.replace('武汉','湖北'))
```

运行结果如下。

```
湖北加油
```

4.4.2.4 字符串分割

Python 提供的 split()函数可实现字符串分割。该函数根据提供的分隔符，将一个字符串分割为一个字符串列表，如果不提供分隔符，则程序会默认把空格、制表符、换行符作为分隔符。其基本语法如下。

```
source_string.split(separator)
```

split()函数中各参数的含义如下。

（1）source_string：待处理的源字符串。

（2）separator：分隔符。

例如，用“#”作为分隔符，分割字符串。

```
source_string = '1#2#3#4#5'
# 利用 split()函数，通过“#”对 source_string 字符串进行分割
source_arr = source_string.split('#') #分割之后得到的是一个列表
print(source_arr)
print(source_arr[0])
```

运行结果如下。

```
['1', '2', '3', '4', '5']
1
```

4.4.3 字典与字符串

很多时候字典都是与字符串一起使用的，而且字符串通常会作为字典的键。

在字典中键是唯一的，如果同时往字典中添加两个相同的键会发生什么呢？示例如下。

```
dic = {"simple":101}
dic["simple"] = 1
print(dic)
```

运行结果如下。

```
{'simple': 1}
```

字典中键是唯一的，如果添加两个相同的键则会覆盖之前的键。

因为键是唯一的，所以很多时候我们在给字典添加数据的时候需要先判断是否存在这个键，示例如下。

```
dic = {"simple":101}
key = "simple"
if key in dic.keys(): # 判断键是否在字典中
    dic[key] = dic[key] + 1
else:                   # 没有该键则添加初始值为 1 的数据
    dic[key] = 1
print(dic)
```

运行结果如下。

```
{'simple': 102}
```

key in dic.keys()可以判断该键是否在字典中。上述代码就能实现如果存在该键则该键对应的值在原有的基础上+1，否则初始值为 1。

4.4.4 编写词频统计程序

知道了如何处理字符串，接下来可以编写代码实现统计歌词中单词的功能，编写代码如下。

```
str_info ="""Happy Birthday To You;
Happy Birthday To You;
Happy Birthday dear my friend.
Happy Birthday To You;
```

```
Happy Birthday To You;
Happy Birthday To You;
Happy Birthday dear my friend.
Happy Birthday To You;
Happy Birthday To You;
Happy Birthday To You;
Happy Birthday dear my friend.
Happy Birthday To You;
Happy Birthday To You;
Happy Birthday To You;
Happy Birthday dear my friend.
Happy Birthday To You;"""

#定义字典存储词频数据
word_dic = {}
str_info = str_info.replace(";"," ").replace("."," ")
word_list = str_info.split() # 将数据分割
for word in word_list:
  # 如果单词已经在字典中，则在其值原有的基础上加 1，否则初始值为 1
  if word in word_dic.keys():
    word_dic[word] = word_dic[word] + 1
  else:
    word_dic[word] = 1

#排序
sorted_word_list = sorted(word_dic.items(),key = lambda item:item[1],reverse = True)

print(sorted_word_list)
```

运行结果如下。

```
[('Happy', 16), ('Birthday', 16), ('To', 12), ('You', 12), ('dear', 4), ('my', 4), ('friend', 4)]
```

课后练习

1. 元素分类。现有集合数据为[15,26,37,41,52,66,77,88,100,99,90]，现在需要你将所有大于 66 的值整合到一个列表中，并将该列表保存至字典的第一个键（键命名为 num1）中，将小于 66 的值保存至第二个键（键命名为 num2）的值中。

2. 请你编写代码统计字符串“hello world code jiaonang python”中每个字母出现的次数。

项目小结

在本项目中，我们使用 Python 编写了 4 个程序。

1. 统计成绩信息。
2. 调整补考通过的学生成绩。
3. 学生成绩排序。
4. 歌词词频统计。

通过编写这些程序，我们学到了许多 Python 基础知识，具体如下。

1. 一个新的数据类型——列表（list），知道了列表的元素是按顺序存储的。
2. 要访问列表中的元素需要通过“列表名[索引]”，并且索引是从 0 开始计算的。
3. 给列表添加数据可以使用 append()函数，删除列表中的元素可以使用关键字 del。
4. 对列表进行排序可以使用 sort()函数，sort()函数得到的结果默认是升序排列的，如果要得到降序排列的结果可以使用 reverse 参数。

5. 在很多时候我们的数据呈现为表格，这个时候可以用二维列表来表示这类数据，二维列表可以看作以一维列表作为元素的列表。

6. 了解了编程中经常提到的“遍历”，遍历列表可以理解为将列表中的元素都看一遍。

7. Python 中字典是一种将两个数据关联起来的数据类型，一个数据称为键(key)，另一个称为值(value)，字典中的每一个条目（item），都由一个键（key）和一个值组成，它们合起来被称为键值对（key–value）。

8. 给字典添加数据直接使用“字典名[key] = value”的方式。

9. 字典不能使用 sort( )函数进行排序，但是可以使用 sorted( )函数进行排序，sorted( )会将排好序之后的数据作为新列表返回。

10. 字典是无序的。

11. 圆括号标注的数据叫作元组。

12. 元组中的元素不可更改。

13. 使用单引号和双引号都可以创建字符串。

14. 3 个字符串常用函数可以帮助我们操作字符串：find()用于查找子串位置，replace()用于替换子串，split()用于分割字符串。

15. 很多时候字典都是与字符串一起使用的，给字典中添加数据时可以先使用“key in dic.keys( )”检查 key 是否存在。

项目习题

1. 列表 nums = [2, 7, 11, 15, 1, 8]，请你编写程序找到列表中任意相加等于 9 的 2 个元素的集合，例如 [(0, 1), (4, 5)]。

2. 现有股市数据如表 4–3 所示。

表 4-3　股市数据

Date	Open
2014–01–01	79.382858
2014–02–01	71.801430
2014–03–01	74.774284
2014–04–01	76.822861
2014–05–01	84.571426
2014–06–01	90.565712
2014–07–01	93.519997
2014–08–01	94.900002
2014–09–01	103.059998
2014–10–01	100.589996
2014–11–01	108.220001
2014–12–01	118.809998
2015–01–01	111.389999

请将这些数据存入 CSV 文件，然后编写代码读取文件信息，具体要求如下。

（1）上述数据的第一行 Date 代表日期，Open 代表开盘价。

（2）读取文件数据，将日期和开盘价保存至字典中，日期作为键，开盘价作为值。

（3）编写可交互式的程序，让用户可以通过日期查询到相关开盘价。

项目五

代码复用让代码更精简——Python 函数与模块

项目要点

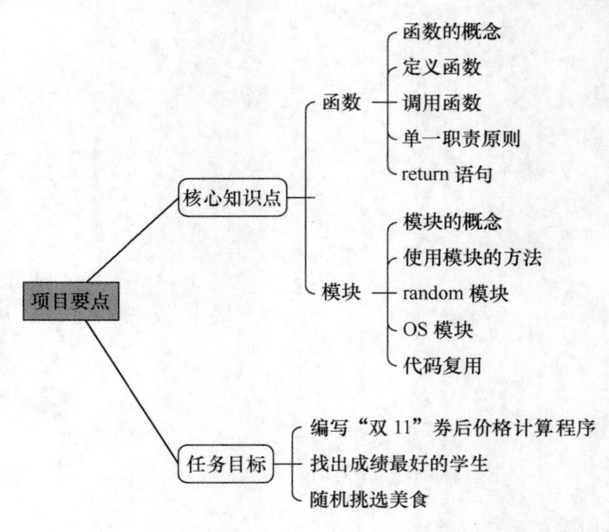

项目场景

完成前 4 个项目后，相信你已经能够编写代码来解决一些问题了。但是我们的代码可能很快就会变得越来越长，越来越复杂。倘若在解决一个问题时，需要编写很多重复的代码，这会让编程毫无乐趣。所以我们需要使用一种方式将重复的代码提取成独立的模块，这样能让我们的代码更易于编写和理解，并且能实现代码的复用。

这种方式就是函数（function），函数是可以完成某种工作的代码块。函数就像积木，可以用这些积木构建出更庞大、复杂的程序，并且能让程序更简洁明了。

本项目将通过生活中的案例来讲解 Python 中函数与模块的相关知识，以及如何通过使用函数和模块实现代码复用，让代码更加精简。

任务 5.1 “双 11”券后价格计算程序

每当“双 11”活动到来的时候，用户可以使用无门槛券，而且许多商品都能“满减”（如每满 400 元可以减 50 元）。大家可能都会趁着活动来清空自己的购物车，小明也不例外。请你编写一个程序，该程序能够根据购物车的原始总价和无门槛券的金额，输出“双 11”活动当天清空购物车所需要花费的金额。

通过前 4 个项目的学习，你可能会编写如下代码。

```
#获取购物车原始总价
raw_price = int(input())
#获取无门槛券金额
gift = float(input())

print(raw_price-(raw_price//400)*50-gift)
```

其实，该程序还可以用另一种方式来实现，那就是我们既熟悉又陌生的函数。

说到函数，你可能会想起数学书上提到的幂函数、三角函数等。虽然这些数学知识可能会让你感到头疼，但是它们都有一个共性：不管函数的输入怎么变，函数内部的计算逻辑是不变的。

5.1.1 定义函数

想要定义函数，首先要给函数想一个好的名字，最好能通过名字就知道这个函数的功能。例如，现在要定义一个用来输出两个数之和的函数，那么我们可以给函数起个名字：print_sum。

确定名字后就可以着手定义函数了。定义函数需要记住以下 5 个要素。

（1）关键字 def。

（2）函数名。

（3）参数列表。

（4）函数体。

（5）参数列表后的冒号。

函数结构示意如图 5–1 所示。

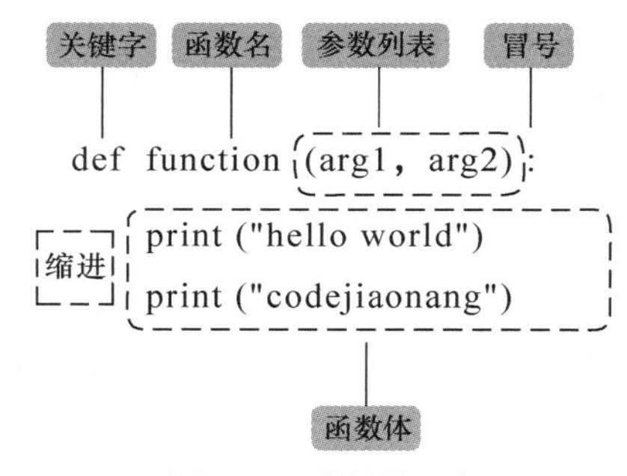

图 5-1 函数结构示意

> **注意**
> **参数列表后面需要加上“:”。编写函数体的代码时要注意缩进。**

虽然 print_sum 函数的功能是输出两个数的和，但这两个数是由函数的调用者决定的，因此该函数的参数列表中需要两个参数。

假设两个参数的名字分别为 a 和 b，则 print_sum 函数的代码如下。

```
def print_sum(a, b):
    print(a+b)
```

5.1.2 调用函数

定义完函数后就可以调用（使用）了。调用 print_sum 函数就和我们调用 print 函数一样简单。例如想要调用 print_sum 函数输出 2.333 与 1 的和，则代码如下。

```
#调用 print_sum 函数，输出 2.333 与 1 的和
print_sum(2.333, 1)
```

我们可以把函数看成一个工人，定义函数则相当于教他如何干活。例如刷墙，调用函数则相当于让这个工人刷墙，函数的参数相当于告诉工人要刷哪面墙，以及要用什么颜色的漆。而函数的调用方，也就是我们，相当于工人的管理者，告诉工人开始干活。所以若我们只定义了函数，但没有调用函数，函数是不会执行的。

5.1.3 编写“双 11”券后价格计算程序

接下来，尝试定义一个输出“双 11”活动当天清空购物车需要花多少钱的函数，并调用它。

定义该函数可以分为 3 个步骤，具体如下。

（1）定义函数名为 print_price。

（2）定义函数的参数，设置参数个数与参数名（购物车金额的参数名为 raw_price，无门槛券金额的参数可以命名为 gift）。

（3）编写函数体，将具体数值替换成函数的参数名字即可。

根据以上 3 个步骤编写出的代码如下。

```
def print_price(raw_price, gift):
    print('“双 11”券后价格：', raw_price-(raw_price//400)*50-gift)
```

接下来调用 print_price 函数。假设想要分别输出活动前的购物车金额为 12345 元、无门槛券为 31.4 元的券后价格，以及活动前的购物车金额为 4132 元、无门槛券为 22.3 元的券后价格，则完整代码如下。

```
def print_price(raw_price, gift):
    print('“双 11”券后价格：', raw_price-(raw_price//400)*50-gift)


print_price(12345, 31.4)
print_price(4132, 22.3)
```

运行结果如下。

```
“双 11”券后价格：10813.6
“双 11”券后价格：3609.7
```

不难看出，若还想计算其他条件下的券后价格，只需要将购物车金额和无门槛券的数值传给 print_price 函数并调用它即可。

1. 请定义一个名字为 calc_rect_area 的函数，该函数用于输出长方形的面积，并调用 calc_rect_area 函数输出面积。

微课视频

2. 假设“双 11”活动的满减规则变了，变成了满 450 减 8。请根据规则重新编写“双 11”券后价格计算程序。

3. 假设“双 11”活动的满减金额每年都会变化，今年是满 400 减 50，明年可能变成满 350 减 40，后面又变成满 300 减 25。请重新编写代码定义函数，使其能够实现当满减金额变化后，不需要修改函数，只需要调用函数就可以计算清空购物车要花多少钱的功能。

任务 5.2 找出成绩最好的学生

学生们期末考试的成绩已经出来了。小红是该学校的语文老师，她希望你能帮她编写一个程序用于找出哪位学生的语文成绩最好。

假设学生们的语文成绩都存储在以下的字典中。

```
#存放学生们语文成绩的字典
chinese={'张强':90,'周林':88,'胡明':60,'李丽':91,'陈建国':77,'贺达':63,'肖斌':89,'赵平':71,'黄弘':92,'吴凡':67,'王力':75,'诸葛荀':97}
```

由于每次考试的语文成绩都会发生变化，且找出语文成绩最好的学生的逻辑不会变。因此，可以使用在任务 5.1 中所学的知识，定义一个名为 find_best_student 的函数，然后调用它，代码如下。

```
def find_best_student(score_info):
    best_student = '' #用于存放成绩最好的学生名字的变量
    best_score = 0     #用于存放最好成绩的变量
    for name in score_info.keys():
        #若当前学生的分数比目前最高分还要高，就将最高分赋值为当前学生的分数
        if score_info[name] > best_score:
            best_student = name
            best_score = score_info[name]
    print('语文成绩最好的学生是' + best_student)

find_best_student(chinese)
```

这样就找到了语文成绩最好的学生，运行结果如下。

```
语文成绩最好的学生是诸葛荀
```

5.2.1 通过增加参数来减少重复劳动

小红有一位同事是数学老师，他想请你编写程序帮他找出数学成绩最好的学生。

假设存放数学成绩的字典如下。

```
math={'张强':88,'周林':90,'胡明':58,'李丽':77,'陈建国':90,'贺达':83,'肖斌':79,'赵平':61,'黄弘':52,'
吴凡':87,'王力':95,'诸葛荀':91}
```

定义一个名为 find_best_student2 的函数，编写代码如下。

```
def find_best_student2(score_info):
    best_student = '' #用于存放成绩最好的学生名字的变量
    best_score = 0     #用于存放最好成绩的变量
    for name in score_info.keys():
        if score_info[name] > best_score:
            best_student = name
            best_score = score_info[name]
    print('数学成绩最好的学生是' + best_student)

#找出数学成绩最好的学生
find_best_student2(math)
```

运行结果如下。

```
数学成绩最好的是王力
```

现在如果英语老师也想要找出英语成绩最好的学生，可能还需要定义一个名为 find_best_student3 的函数，又要做重复劳动！

其实，造成我们做重复劳动的主要原因是函数体中的“××成绩”是固定的。所以应该添加一个参数“class_name”，表示“××成绩”，代码如下。

```
#获取学生信息
student_info=eval(input())
#获取学科信息
class_name=eval(input())

def find_best_student(score_info, class_name):
    #用于存放成绩最好的学生名字的变量
    best_student=''
    #用于存放最好成绩的变量
    best_score=0
    for name in score_info.keys():
       if score_info[name]>best_score:
           best_student = name
           best_score = score_info[name]
    print(class_name+'成绩最好的学生是'+best_student)

#调用 find_best_student 函数
find_best_student(student_info, class_name)
```

5.2.2 有返回值的函数——利用 return 关键字

虽然在 5.2.1 小节中改写的代码能够减少重复劳动，但是我们在定义函数时需要遵循一个原则，即单一职责原则，即一个函数应该只专门“干一件事”。

例如 find_best_student 函数的任务是从存储学生成绩信息的字典中找出成绩最好的学生。但是该函数除了找到成绩最好的学生之外，还将该学生的名字输出了。不难看出该函数其实干了两件事，一个是找到学生，另一个就是输出学生名字。因此，违背了单一职责原则。

而且，在调用函数的时候，可能更希望函数能将计算结果告诉调用方，而不是把计算结果输出。那么有没有办法能够在不违背单一职责原则的情况下，将计算结果告诉调用方呢？当然有！那就是 return 关键字。

return 在 Python 中表示返回的意思。return 后面一般会跟着一个或多个数据，这些数据被称为返回值。

当运行到 return 时，return 后面“跟着”的一个或多个数据会被传给调用方。

其实就相当于我们是工地的管理者（调用方），想让刷墙工人用白色的墙漆刷墙（调用函数），并让刷墙工人刷完了之后告知我们（返回），我们知道这个信息后，可安排别的工作（获取函数返回的数据后进行其他操作）。因此 return 可以看成函数与调用方之间的联络员。

假设要定义一个名为 sum 的函数，该函数用来计算 a 与 b 的和，并将结果返回给调用函数，具体代码如下。

```
# 返回 a 与 b 的和
def sum(a, b):
    return a + b
```

对于调用方而言，可以用一个变量来接收 sum 函数返回的结果，代码如下。

```
# 计算 2.333 与 1 的和，并将结果保存到 result 变量中
result = sum(2.333, 1)
print(result)
```

运行结果如下。

```
3.333
```

从运行结果可以看出，sum 函数的返回值会对 result 变量进行赋值操作。

> **注意**
> **如果调用方只写 sum(2.333,1)，是不会输出 3.333 的。因为 sum 函数只将结果返回，而不输出。**

倘若在 return 后面再加上 print(a+b) 语句，具体代码如下。

```
def sum(a, b):
    return a+b
    print(a+b)

sum(2.333, 1)
```

调用 sum 函数后会输出 3.333 吗？

显然是不会输出 3.333 的。这是因为一旦运行到 return 语句，整个函数就结束了，也就意味着，不管 return 下面有多少行代码，这些代码都不会被运行！这也是我们刚接触 return 时容易犯的错误。

因此，想要让 find_best_student 函数遵循单一职责原则，代码应做如下修改。

```
#获取学生信息
student_info = eval(input())
#获取学科信息
class_name = eval(input())
```

```
def find_best_student(score_info):
    best_student = '' #用于存放成绩最好的学生名字的变量
    best_score = 0    #用于存放最好成绩的变量
    for name in score_info.keys():
        if score_info[name] > best_score:
            best_student = name
            best_score = score_info[name]
    return best_student

print(class_name+'成绩最好的是'+find_best_student(student_info))
```

若输入的学生信息如下。

```
{'张强':88,'周林':90,'胡明':58,'李丽':77,'陈建国':90,'贺达':83,'肖斌':79,'赵平':61,'黄弘':52,'吴凡':87,'王力':95,'诸葛荀':91}
```

学科信息如下。

```
数学
```

则运行结果如下。

```
数学成绩最好的是王力
```

5.2.3 使用 return 返回多个值

若仅仅是找出成绩最好的学生的名字，程序还不够"完美"。若能同时把成绩最好的学生成绩一起找出来就更好了。

Python 中的关键字 return 不仅可以返回一个数据，也可以返回两个及以上的数据，也就是说返回值可以有多个。要让 return 返回多个值只需要在每个返回值中间加个逗号即可。如果想要实现这个功能，只需要修改 return 语句，具体代码如下。

```
def find_best_student(score_info):
    best_student = '' #用于存放成绩最好的学生名字的变量
    best_score = 0    #用于存放最好成绩的变量
    for name in score_info.keys():
        #若当前学生的分数比目前最高分还要高，就将最高分赋值为当前学生的分数
        if score_info[name] > best_score:
            best_student = name
            best_score = score_info[name]
    # 返回成绩最好的学生的名字和他的成绩
    return best_student, best_score
```

函数中返回了两个值，那么调用方同样需要两个变量来保存函数的返回值。语法也很简单，两个变量中间用逗号隔开即可。

```
best_chinese_student, best_chinese_score = find_best_student(chinese)
print('语文成绩最好的是'+best_chinese_student+', 成绩为:'+str(best_chinese_score))
best_math_student, best_math_score = find_best_student(math)
print('数学成绩最好的是'+best_math_student+', 成绩为:'+str(best_math_score))
```

运行结果如下。

```
语文成绩最好的是诸葛荀，成绩为: 97
数学成绩最好的是王力，成绩为: 95
```

注意

若一个函数没有 return 语句，则这个函数会默认返回 None。None 即返回值为空。

5.2.4 代码复用

所谓代码复用，就是使用重复的代码。到现在，其实你在不知不觉中已体验了代码复用。在编程中，函

数就是实现代码复用的一种途径。

例如有一道题：请输出 100 ~ 999 有多少个水仙花数。可能你看到题目时会觉得很简单，以为使用循环加判断就能完成，然后写出如下代码。

```
count = 0
for num in range(100, 1000):
    hundreds = num//100
    tens = num//10%10
    ones = num%10
    if num == hundreds **3+ tens **3+ ones **3:
        count += 1

print(count)
```

假设现在有一个叫作 count_iris 的函数，该函数会返回 100 ~ 999 有多少个水仙花数。count_iris()函数代码如下。

```
def count_iris():
    count = 0
    for num in range(100, 1000):
        hundreds = num//100
        tens = num//10%10
        ones = num%10
        if num == hundreds **3+ tens **3+ones**3:
            count += 1
    return count
```

此时此刻你会有什么想法？如果你会想着通过调用 count_iris 函数来完成这道题的话，那么恭喜你，你已经有代码复用的思想了。调用该函数仅仅需要编写 1 行代码就能够完成 8 行代码才能实现的功能，这将使你编写代码的效率大幅提升。至于怎样通过调用函数的方式来实现相应功能，就当作一道思考题，请读者自行完成。

课后练习

1. 请定义一个名为 get_abs 的函数，该函数需要接收一个名为 num 的参数，并将 num 的绝对值作为返回值。

2. 请定义一个名为 is_prime 的函数，该函数需要接收一个名为 num 的参数，并返回 num 是不是质数（质数是指在大于 1 的自然数中，除了 1 和它本身以外不再有其他因数的自然数）的判断结果。若是质数则返回 True，否则返回 False。

3. 请定义 get_pass_students 函数，该函数需要接收一个名为 students_info 的参数（该参数的数据类型是字典），并返回 students_info 中成绩大于等于 60 分的学生的姓名。测试样例如下。

```
输入“{'张强':88,'周林':90,'胡明':58,'李丽':77,'陈建国':93,'贺达':83,'肖斌':79,'赵平':61,'黄弘':52,'吴凡':87,'王力':95,'诸葛荀':91}。
输出“张强 周林 李丽 陈建国 贺达 肖斌 赵平 吴凡 王力 诸葛荀。
```

任务 5.3　解决今天吃什么的问题

炎炎夏日，小明正在为今天中午吃什么而发愁，他希望你能帮他编写一个叫作“今天吃啥”的程序。该程序的功能很简单，即从喜欢的各种美食中随机挑选一种作为结果输出。

但是你会发现，仅仅根据之前所学的知识来编写这个程序确实有难度，因为并不知道怎样生成一个随机的结果。

Python 为我们提供了一个能够解决一些随机问题的解决方案，即 Python 内置模块——random 模块。

5.3.1 random 模块

所谓模块，其实就是专注于某个领域的函数的集合。例如 random 模块，就是专注于随机功能的模块。该模块中有一个函数叫 choice，用于从一个列表中随机挑选出一个元素并将其返回。

没错，random 模块里的 choice()函数就是我们想要的。想要使用模块里的函数很简单，分为两步：第一步是“请君入彀”，第二步是“尽情使唤”。

首先来看一下怎样“请君入彀”。在 Python 中使用模块所提供的函数之前，需要导入模块。也就是说，想要让 random 模块帮忙，就需要先导入 random 模块，所以需要编写如下代码。

```
#导入 random 模块
import random
```

接下来要做的就是“尽情使唤”了。想要使用模块所提供的函数，其实与调用函数差不多，只不过需要在函数名字的前面加上“模块名字.”。由于现在要用的模块名叫 random，所以想要调用 random 模块中的 choice()函数，代码如下。

```
import random

#一堆数字
value = [1, 2, 3, 4, 5, 6]
#random.choice 表示使用 random 模块中的 choice 函数
result = random.choice(value)
#输出挑选出来的数字
print(result)
```

运行代码后，你可能会得到随机挑选出的一个数字 4（每次结果可能不同），输出如下。

```
4
```

5.3.2 编写“今天吃啥”程序

学会了 random 模块中 choice()函数的使用方法后，“今天吃啥”程序就非常容易编写了，只需修改列表中的数据即可，代码如下。

```
import random

#美食列表
food = ['卤肉饭', '螺蛳粉', '饺子', '麻辣烫', '黄焖鸡']
#从美食列表中随机挑选一种美食作为结果
#注意：执行 choice()后 food 中的值不会产生任何变化
result = random.choice(food)
#输出挑选出来的美食
print('今天吃'+result)
```

运行结果如下（每次运行结果可能不同）。

```
今天吃螺蛳粉
```

5.3.3 模块的使用方法

虽然通过“今天吃啥”程序只学习了 random 模块中 choice()函数的用法，但 Python 中所有模块中的函数的用法几乎都是相同的。

例如 random 模块中有一个函数叫 random，它的作用是产生一个 0 ~ 1 的随机浮点数，而且使用它的时候不需要参数。读到这里，我想你应该很快就能反应过来如何编写代码来调用 random 函数了，示例如下。

```
import random

#输出随机产生的 0～1 的浮点数
print(random.random())
```

运行结果如下。

```
0.2516964209296556
```

再如 os 模块中有一个 remove()函数，它的作用是删除一个文件。该函数需要一个参数，即想删除的文件的路径。假设你现在想要删除 D 盘“project”文件夹下的“test.md”文件，那么运行如下代码就可以删除该文件了。

```
import os

# 删除文件
os.remove('D:/project/test.md')
```

使用模块来实现你想要实现的功能，其实就这么简单！

5.3.4 再谈代码复用

其实，直接使用已经存在的模块也是在践行代码复用，只不过我们复用的是别人的代码。

相信你已经感受到了，代码复用不仅能够减少重复的代码，而且能帮我们减少编写程序的时间。

所以在编程的时候，不是所有的工作都得靠自己，能够代码复用的时候就尽量复用。

课后练习

1. 请编写一个程序，模拟扔硬币 100 次，假设每次扔硬币正面朝上的概率为 49%。最后输出这 100 次硬币中有多少次正面朝上。

2. 请编写一个程序，用于输出一个文件夹下有多少个 EXE 文件。

提示：os 模块中的 listdir()函数可以返回一个保存了你指定的文件夹下的所有文件以及文件夹名字的列表。例如你的 D 盘下有文件“a.exe”、文件“b.txt”和文件夹“c”，正确调用 listdir()函数后，它会返回“['a.exe','b.txt','c']”。

项目小结

在本项目中，使用 Python 编写了 3 个小程序。

1.“双 11”券后价格计算程序。

2. 找出成绩最好的学生的程序。

3. 随机挑选美食程序。

通过本项目，我们学习了很多 Python 中的知识和技能，具体如下。

1. 函数和函数参数的概念。

2. 理解了在定义函数时应该遵循单一职责原则，这样能使代码更简洁易懂。

3. 使用“def + 函数名()”即可定义函数。

4. 关键字 return 可以使函数有返回值。

5. 关键字 return 可以返回多个值，多个值要用逗号隔开。

6. 模块是专注于某个领域的函数集合，想要使用某个模块，需要在使用前通过 import 调用。

7. 调用模块中的函数需要在模块名字后面加上“.”，表示现在调用的是模块中的函数。

8. 可以通过函数和模块来实现代码复用，以减少重复代码的编写。

项目习题

1. 请编写一个程序，根据输入的学生信息，输出身高最高的 3 名学生的姓名。测试样例如下。

样例 1：

```
输入为“{'张平':181, '王力':180, '赵心月':179, '刘明':157, '曾弘':165}”。
输出为“张平 王力 赵心月”。
```

样例 2：

```
输入为“{'李家鹏':161, '钱坤':171, '赵鹏':159, '赵锦':165, '吴达':158}”。
输出为“钱坤 赵锦 李家鹏”。
```

2. 请编写一个交互式程序，用户输入一个数字，然后该程序能够输出这个数字的反转。测试样例如下。

样例 1：

```
输入为“1314”。
输出为“4131”。
```

样例 2：

```
输入为“2333”。
输出为“3332”。
```

3. 三年级二班在选班长，票数最多的同学将被选为班长。请编写一个程序帮助三年级二班选出班长。可以使用 collections 模块的 Counter()函数找出列表中出现次数最多的元素。示例代码如下。

```
import collections
# 将列表传给 Counter()函数，生成一个统计对象 counter
counter = collections.Counter(['a', 'a', 'a', 'c', 'b', 'b'])
# most_common()函数返回的是 counter 中出现次数最多的数据
print(counter.most_common(1))
```

输出结果如下。

```
[('a', 3)]
```

其中 a 为列表中出现次数最多的元素，3 表示 a 在列表中出现了 3 次。

测试用例如下。

样例 1：

```
输入为“['赵鹏', '李明', '赵鹏', '钱坤', '李明', '赵鹏', '赵鹏', '钱坤', '李明', '钱坤', '赵鹏']
输出为“'赵鹏'”。
```

样例 2：

```
输入为“['王力', '马晓梅', '马晓梅', '刘明', '李弘', '叶鑫', '叶鑫', '刘明', '马晓梅', '王力', '马晓梅']
输出为“'马晓梅'”。
```

办公自动化应用篇

项目六

重要信息的提取——Python 正则表达式与爬虫

项目要点

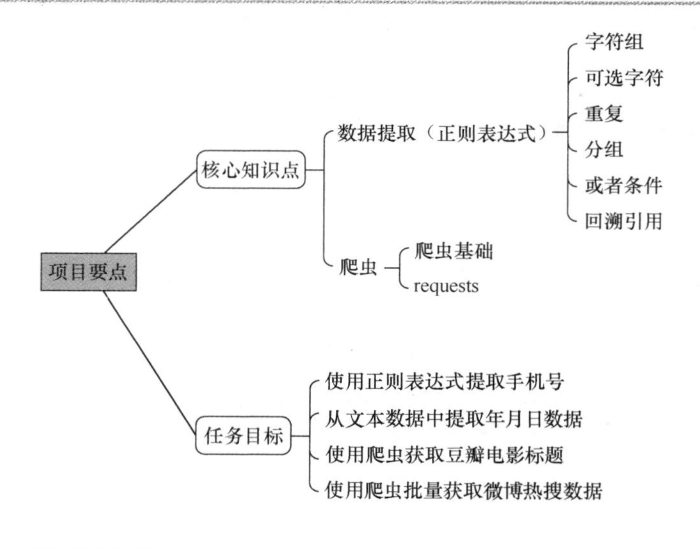

项目场景

随着移动互联网越来越普及，网络上的信息量越来越大，很多人获取数据的方式是通过网站或者App。但是有时候我们想要的数据并不能通过网站或者 App 下载得到，遇到这种场景我们可以使用网络爬虫技术，通过爬虫可以不间断地从网络上获取我们想要的数据。

通过爬虫获取到想要的数据之后，我们要从这些数据中提取目标数据，例如从电影网站提取电影标题、评分，从招聘信息中提取薪资等。

想要提取目标数据可以使用正则表达式，正则表达式是提取数据的利器，它可以帮助我们很方便地提取某些符合复杂规则的字符串。

本项目将带领你使用爬虫和正则表达式获取网页数据，提取目标数据，带你感受爬虫和正则表达式的力量。

任务 6.1　使用正则表达式提取手机号

本任务的目的是帮助你了解什么是正则表达式，并且掌握正则表达式的用法。接下来我们以提取手机号为例来说明什么是正则表达式。

现在有一字符串，具体如下。

```
<table><tr>hello world 18111234589<tr><tr><span>name:张三,tel:18711001111</span></tr></table>
```

需要你从这段字符串中将手机号提取出来。

假设手机号的规则如下。

（1）必须是 11 位的数字。

（2）第一位数字必须是 1，第二位数字可以是 3、4、5、7、8 中的任意一个，后面 9 个数是范围为 0 ~

9 的任意一个数字。

现在请你根据规则提取字符串中符合规则的手机号。

如果使用 if...else 进行判断，需要多少个条件判断语句呢?

使用 if...else 来提取具有特定规则的字符串太麻烦了，而使用正则表达式则可以非常方便地提取某些符合特定规则的数据。

6.1.1 search()函数

在 Python 中通过 re 模块即可使用正则表达式。re 模块具有很多函数，通过这些函数开发者可以灵活地调用正则表达式实现不同的功能。

我们要学习的第一个函数是 search()函数，它用于接收一个正则表达式和一个字符串，并返回第一个匹配的字符串，示例如下。

```
import re
# search()的第一个参数为正则表达式，第二个参数为要处理的字符串
result = re.search(r'fox','the quick brown fox jumpred')
print(result.span())  # span()函数获取的是正则表达式匹配到的位置
print(result)
```

运行结果如下。

```
(16, 19)
<re.Match object; span=(16, 19), match='fox'>
```

使用 search()函数会返回一个 Match 对象，调用 Match 对象的 span()函数可以获取正则表达式匹配到字符的位置，直接输出 Match 对象则会得到 Match 对象的描述信息，如果没有匹配到任何数据则会返回 None。r'fox'为正则表达式，其中的“r”是告诉 Python 解释器这是原始字符串，'fox'则表示正则表达式想要匹配的数据。

6.1.2 获取多个匹配的数据

search()的一个限制是它仅仅返回第一个匹配的数据，但是，有时候我们期望获取多个匹配的数据。如果有这种需求可以使用 findall()函数，示例如下。

```
import re
result = re.findall(r'张','张戈 张林 张东梅 张小凡')
print(result)
```

运行结果如下。

```
['张', '张', '张', '张']
```

在这个示例中，findall()函数返回了一个列表，这个列表中有 4 个“张”，这是因为“张”字在字符串中出现了 4 次。

6.1.3 字符组

字符组（用“[]”标注）允许匹配一组可能出现的字符，示例如下。

```
import re
result = re.findall(r'[Pp]ython','I like Python3 and I like python2.7 ')
print(result)
```

运行结果如下。

```
['Python', 'python']
```

可以发现使用[Pp]后既可以匹配大写的 P 也可以匹配小写的 p。

接下来编写另一段代码，具体如下。

```
import re
result = re.findall(r'[Pp]ython','I LIKE Ppython3 and i like ppython2.7')
print(result)
```

运行结果如下。

```
['python', 'python']
```

可以发现，输出为“python”而不是“Ppython3”或者“ppython2.7”，这里需要注意的是，“[Pp]”仅匹配一个字符，这个字符既可以是 p 也可以是 P。

正则表达式中的方括号“[]”代表一组可能出现的字符组，一个字符组只能匹配一个字符。

6.1.4 区间

一些常见的字符组非常“大”，例如想匹配所有的数字时，如果使用 6.1.3 小节中的方法，匹配所有的数字的正则表达式为“[0123456789]”。

这种方式好吗，如果要匹配的数据是 a ~ z 的英文字母呢？

我想你肯定不愿意从 a 一直输到 z！

为了适应这一点，正则表达式引擎在字符组中使用连字符“–”代表区间，依照这个规则，我们可以总结出以下 3 点。

（1）要匹配任意数字可以使用[0–9]。

（2）要匹配所有小写英文字母可以使用[a–z]。

（3）要匹配所有大写英文字母可以使用[A–Z]。

正则表达式使用连字符代表区间，示例如下。

```
import re
a = re.findall(r'[0-9]','xxx007abc')   # 匹配所有数字
b = re.findall(r'[a-z]','abc001ABC')   # 匹配所有小写英文字母
c = re.findall(r'[A-Za-z0-9]','abc007ABC') # 匹配所有大、小写英文字母和数字
print(a)
print(b)
print(c)
```

运行结果如下。

```
['0', '0', '7']
['a', 'b', 'c']
['a', 'b', 'c', '0', '0', '7', 'A', 'B', 'C']
```

但是我们有时候需要匹配的符号就是连字符本身，那该怎么办呢？

要单独匹配连字符的时候需要对它进行转义。在正则表达式中使用斜杠（\）可以对特殊符号进行转义，对连字符进行转义可以表示为“\–”，即“\–”代表连字符本身，示例如下。

```
import re
result = re.findall(r'[0-9\-]','0edu 007-edu')
print(result)
```

运行结果如下。

```
['0', '0', '0', '7', '-']
```

这个例子中，“[0–9\–]” 就代表匹配所有的数字和“–”。

注意

转义符（\）也适用于其他的符号，例如匹配圆括号可以使用“\(”。

6.1.5 取反

到目前为止，我们定义的字符组都是根据可能出现的字符来定义的，不过有时候我们可能希望根据不会出现的字符来定义字符组，这叫作取反操作。

可以通过在字符组开头使用“^”实现取反操作，从而可以反转一个字符组（意味着会匹配任何指定字符之外的所有字符）。例如：匹配不包含数字的字符组，代码如下。

```
import re
result = re.findall(r'[^0-9]','xxx007abc')
print(result)
```

运行结果如下。

```
['x', 'x', 'x', 'a', 'b', 'c']
```

例如：匹配“爱”后面不是“你”的数据，代码如下。

```
import re
result = re.findall(r'爱[^你]','我爱你 爱了 爱我自己 爱情')
print(result)
```

运行结果如下。

```
['爱了', '爱我', '爱情']
```

这里的“爱[^你]”表示“爱”后面不能是“你”。

6.1.6 快捷方式

通过目前学到的内容，如果我们想要匹配所有的英文字母，可使用“[A-Za-z]”，如果想要匹配数字则使用“[0-9]”，还有没有比这更简洁的方式呢?

答案是有，正则表达式引擎提供了快捷方式，使用快捷方式匹配数据更加简洁。

例如：“\w”可以与任意单词字符匹配，“\d”可以与任意数字匹配，d 即 digit（数字）的首字母，等价于[0-9]。正则表达式引擎提供的快捷方式及其描述如表 6-1 所示。

表 6-1 正则表达式引擎提供的快捷方式及其描述

快捷方式	描述
\w	与任意单词匹配
\d	与任意数字匹配
\s	匹配空白字符
\b	匹配一个长度为 0 的子串

使用正则表达式提供的快捷方式匹配数据示例如下。

```
import re
result1 = re.findall(r'\w','学好 Python 大展拳脚')
result2 = re.findall(r'\d','编号 89757')
print(result1)
print(result2)
```

运行结果如下。

```
['学', '好', 'P', 'y', 't', 'h', 'o', 'n', '大', '展', '拳', '脚']
['8', '9', '7', '5', '7']
```

如果想要匹配空白字符，例如空格、制表符、换行符等，则可以使用“\s”，示例如下。

```
import re
result= re.findall(r'\s','hello world    python') # 匹配空白字符
print(result)
```

运行结果如下。

```
[' ', ' ', ' ', ' ', ' ']
```

6.1.7　任意字符

“.”代表匹配任意单个字符，它只能出现在方括号以外（出现在方括号内表示匹配“.”本身）。

注意

“.”只有一个不能匹配的字符，就是换行符（\n）。

例如使用“a..”可以匹配任意以 a 开头的 3 个字符的数据，示例如下。

```
import re
result = re.findall(r'a..','all ak47 abc and a')
print(result)
```

运行结果如下。

```
['all', 'ak4', 'abc', 'and']
```

6.1.8　可选字符

有时候，我们可能想要匹配一个单词的不同写法，例如“color”和“colour”或者“honor”和“honour”。

这个时候我们可以使用“?”指定一个字符或字符组是可选的，这意味着该字符会出现零次或一次。例如，使用“欧?阳锋”可以指定“欧”字可以出现零次或一次，代码示例如下。

```
import re
result = re.findall(r'欧?阳峰','欧阳峰 阳峰')
print(result)
```

运行结果如下。

```
['欧阳峰', '阳峰']
```

基于这个示例，你能否使用正则表达式匹配“color”和“colour”或者“honor”和“honour”呢?

6.1.9　重复

到目前为止，我们只学习了仅出现一次的字符串匹配，在实际开发过程中，这样肯定不能满足需求。当要匹配电话号码和身份证号等由多个数字组成的字符串时，我们需要使一个字符组连续匹配好几次。

在一个字符组后加上“{N}”，就可以表示“{N}”之前的字符组出现 *N* 次，示例如下。

```
import re
result = re.findall(r'\d{4}-\d{7}','张三 0731-8825951, 李四 0733-8794561')
print(result)
```

运行结果如下。

```
['0731-8825951', '0733-8794561']
```

在这里“\d{4}”和“\d{7}”分别表示匹配 4 次数字和匹配 7 次数字。

6.1.10　重复区间

有时候，我们不知道重复的次数具体是多少，例如身份证号码有 15 位也有 18 位。

这个时候可以使用重复区间，语法格式为“{M,N}”，其中 M 是下界、N 是上界，示例如下。

```
import re
res = re.findall(r'\d{3,4}',' 020 0733')
print(res)
```

运行结果如下。

```
['020', '0733']
```

通过上述代码，可以发现“\d{3,4}”既可以匹配 3 个数字也可以匹配 4 个数字，不过当有 4 个数字的时候，优先匹配的是 4 个数字，这是因为正则表达式默认是贪婪模式，即尽可能地匹配更多的字符，而要使用非贪婪模式，则需要在表达式后面加上“?”，示例如下。

```
import re
result = re.findall(r'\d{3,4}?',' 020 0733')
print(result)
```

运行结果如下。

```
['020', '073']
```

6.1.11 开闭区间

有时候我们可能会遇到字符组的重复次数没有边界的情况，例如从 1 个到无穷个，这个时候可以使用开闭区间，语法格式为“{N,}”，示例如下。

```
import re
result = re.findall(r'\d{1,}','1 20 020 0733')
print(result)
```

运行结果如下。

```
['1', '20', '020', '0733']
```

上述代码中，“\d{1,}”表示匹配 1 个到无穷个数字。

6.1.12 速写

在正则表达式中有两个使用频率非常高的符号：“*”和“+”。

（1）“+”代表匹配 1 个到无穷个，等价于{1,}。

（2）“*”代表匹配 0 个到无穷个，等价于{0,}。

使用“*”和“+”进行匹配的示例代码如下。

```
import re
result1 = re.findall(r'\d+','1 20 020 0733')
result2 = re.findall(r'编号\d*','编号 编号89757')
print(result1)
print(result2)
```

运行结果如下。

```
['1', '20', '020', '0733']
['编号', '编号89757']
```

6.1.13 提取手机号

了解了正则表达式的基础内容后，相信你已经可以完成提取手机号的任务了。

提取手机号的代码如下。

```
import re
result = re.findall(r'1[34578]\d{9}','<table><tr> \
hello world 18111234589<tr><tr><span>name:张 \三,tel:18711001111</span></tr></table>')
print(result)
```

运行结果如下。

```
['18111234589', '18711001111']
```

课后练习

1. 请你使用字符组匹配 Ruby、Rube、ruby、rube。

2. 匹配所有的数字、小写英文字母和大写英文字母。需要匹配的数据如下。

abcdefg

012345678

987654321

ABCDEFG

3. 匹配小写英文字母 a ~ z 和大写英文字母 A ~ F。

4. 匹配所有王姓同学的信息，数据如下。

王敏 0001

王磊 1234

王静 0102

王丽 0502

王秀英 0503

王芳芳 0503

张三 0731

任务 6.2　从文本数据中提取年月日数据

现在有一段日期数据，需要你编写代码将其中的年、月、日分别提取出来，要处理的数据如下：2020-1-2、2020-2-2、2020-01-02、2020/01/20。

要分别提取年、月、日数据，我们还需要学习正则表达式中分组相关的知识。

6.2.1　分组

在正则表达式中还提供了一种将表达式分组的机制，使用该机制时，除了获得所有匹配结果，还能够在匹配结果中选择每一个分组。

要实现分组很简单，使用“()”即可，示例如下。

```
import re
result = re.search(r'([\d]{4})-([\d]{7})','张三：0731-8825951')
print(result.group())
print(result.group(1))
print(result.group(2))
```

运行结果如下。

```
0731-8825951
0731
8825951
```

通过上面的例子可以发现，“([\d]{4})-([\d]{7})”将程序分为了两组，第一组为“0731”，第二组为“8825951”。

使用 group( )函数可以得到所有匹配的结果，使用 group(N)可以得到第 *N* 个分组。

在 findall( )函数中也可以实现分组，示例如下。

```
import re
result = re.findall(r'([\d]{4})-([\d]{7})','张三：0731-8825951')
print(result)
```

运行结果如下。

```
[('0731', '8825951')]
```

通过运行这段代码可以发现，findall( )函数会直接返回分组提取的结果，如果在正则表达式中使用了分组机制，则 findall( )函数返回的结果只包含分组中匹配的内容。

6.2.2　或者条件

使用分组的同时还可以使用或者条件。要使用或者条件可以在各个条件之间加上“|”，示例如下。

```
import re
result= re.findall(r'(张三|李四)','张三、李四、王五、赵六')
print(result)
```

运行结果如下。

```
['张三', '李四']
```

6.2.3　分组的回溯引用

正则表达式还提供了一种引用之前匹配分组的机制，示例如下。

```
import re
result = re.findall(r'<[\w_\-]+>.*?</[\w_\-]+>','0123<font>提示</font>abcd')
print(result)
```

运行结果如下。

```
['<font>提示</font>']
```

运行上述代码确实可以得到匹配结果，不过可能还有另一种情况，如果解析数据为“0123<font>提示</bar>abcd”，则结果可能并不符合我们的预期，代码如下。

```
import re
res = re.findall(r'<[\w_\-]+>.*?</[\w_\-]+>','0123<font>提示</bar>abcd')
print(res)
```

运行结果如下。

```
<font>提示</bar>
```

<font>和</bar>明显不是一对正确的标签，但是正则表达式还是将它们匹配了，所以这个结果是错误的。

如果我们想让后面分组的正则表达式和第一个分组的正则表达式匹配同样的数据，即后面分组的正则表达式也匹配<font>，那该如何做呢？

可以使用分组的回溯引用，使用“\N”即可回溯引用编号为“N”的分组。下面我们可以使用“\1”来代表第一个分组匹配到的结果，因此修改代码如下。

```
import re
result1= re.findall(r'<([\w_-]+)>(.*?)</\1>','<font>提示</bar>')
result2 = re.findall(r'<([\w_-]+)>(.*?)</\1>','<font>提示</font>')
print(result1)
print(result2)
```

运行结果如下。

```
[]
[('font', '提示')]
```

6.2.4 提取年月日数据

接下来我们利用正则表达式中的分组对年月日数据进行提取，编写代码如下。

```
import re
res = re.findall(r'(\d{4})[-/](\d{1,2})[-/](\d{1,2})','2020-1-2 、 2020-2-2 、 2020-01-02 、 2020/01/20')
print(res)
```

运行结果如下。

```
[('2020', '1', '2'), ('2020', '2', '2'), ('2020', '01', '02'), ('2020', '01', '20')]
```

课后练习

1. 使用分组提取<p>元素中的数据：<p>hello</p>。

2. 有些学校的学号是由多组关键信息组成的，例如："2019–5013–08"，其中"2019"表示入学年份，"5013"表示班级代码，"08"表示班级次序。请你编写正则表达式匹配不同格式的学号，并将其中的关键信息用分组提取出来，需要分成 3 个分组，数据如下。

2019–5013–08

2019 5013 08

2019501308

任务 6.3 使用爬虫获取豆瓣电影标题

了解了正则表达式后，接下来可以利用正则表达式和 Python 爬虫从网络上获取数据。

在本任务中，我们将使用爬虫与正则表达式获取"豆瓣网"电影标题的数据。

6.3.1 理解网页结构

要使用爬虫获取网站的数据，需要先理解网页的结构。

所有网站都是由结构化的代码实现的，这些代码经过浏览器的处理，可以呈现为各式各样的页面。

网页代码通常由 3 个部分组成，分别是 HTML 代码、CSS 代码和 JavaScript 代码，示例如下。

```
<html>
    <div class="content">
    <h2><b>电影网站详情页</b></h2>
    <p>电影名称</p>
    <p>大圣归来</p>
    <a href = "https://www.****.com/">编程胶囊网页地址</a>
    <img data-v-15b951ee="" src="https://cdn.****.com/img/logo@2x.198d744b.png">
    </div>
</html>
```

上述代码是一段 HTML 代码，网络爬虫需要做的就是从这些结构化的代码中提取出需要的信息，例如提取"大圣归来"这 4 个字。

6.3.2 查看网页源代码

要想使用爬虫获取网页中的关键数据，我们需要先获取网页的源代码，以便从中获取到关键信息。

浏览器大多都提供了查看网页源代码的功能，查看网页的源代码有以下两种方式。

（1）在网页中右键单击，在弹出的菜单中选择“查看网页源代码”选项，如图 6-1 所示。

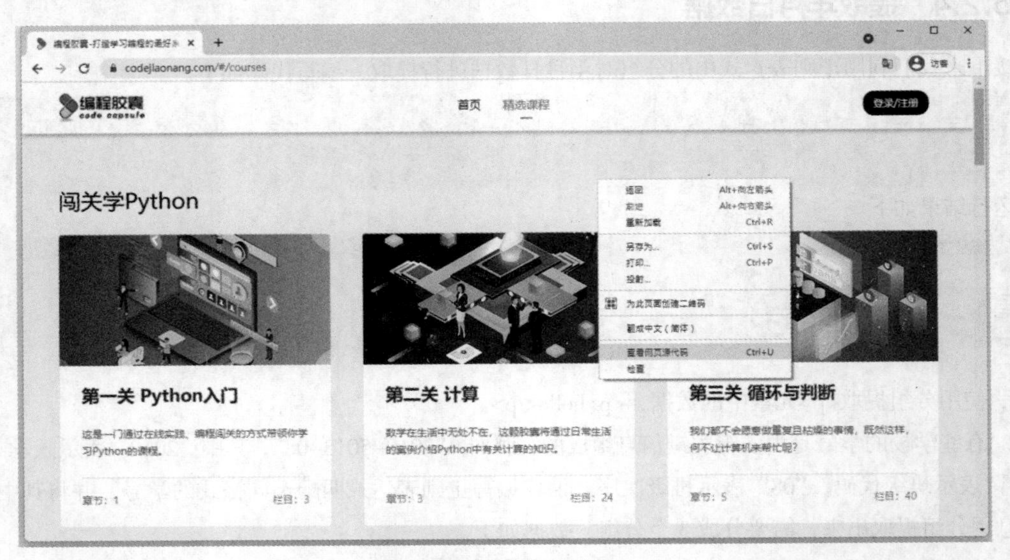

图 6-1　查看网页源代码

（2）将鼠标指针移动到在当前页面的任意内容上，右键单击并在弹出的菜单中选择“检查”选项，如图 6-2 所示，在弹出的窗口中就能够看到这段内容对应的代码。

图 6-2　查看指定内容的代码

6.3.3　获取网页数据

要想提取网页中的关键信息，还需要将这个网页数据下载下来。

使用 requests 库可以很方便地下载网页代码。要使用 requests，需要先安装它，在 Windows 的“命令提示符”窗口中执行以下命令即可安装。

```
pip install requests
```

注意 **按“Windows+R”键，输入“cmd”之后按“Enter”键即可进入“命令提示符”窗口。**

接下来使用 requests 发送网络请求。在你的计算机任意位置，新建一个“crawler.py”文件。举个例子，如果要下载百度首页的网页代码，输入并运行以下 3 行代码。

```
import requests
res = requests.get('https://www.baidu.com/')
print(res.content.decode())
```

将会看到如下输出结果。

```
<!DOCTYPE html>
<!--STATUS OK--><html> <head><meta http-equiv=content-type content=text/html;charset=utf-8>
<meta http-equiv=X-UA-Compatible content=IE=Edge><meta content=always name=referrer><link rel=
stylesheet type=text/css href=https://ss1.bdstatic.com/5eN1bjq8AAUYm2zgoY3K/r/www/cache/bdorz/
baidu.min.css><title>百度一下，你就知道</title></head>
……以下省略……
```

接下来我们可以尝试获取豆瓣网的数据，编写代码如下。

```
import requests
res = requests.get('https://movie.douban.com/subject/26277313/')
print(res.content.decode())
```

你会发现运行这段代码没有任何结果，这是什么原因呢？

可以尝试输出变量 res，找出错误的原因。

```
print(res)
```

运行结果如下。

```
<Response [418]>
```

出现这个结果的原因是豆瓣网识别到我们的程序是一个爬虫，且豆瓣网开启了反爬虫机制。

但是现在我们还是需要使用爬虫来获取豆瓣网的数据，该怎么办呢？

很简单，只需模拟成普通用户来获取豆瓣网数据即可。

要模拟成普通用户需要设置一个 headers 参数，代码如下。

```
headers = {"User-Agent": "Mozilla/5.0 (Windows NT 10.0; Win64; x64) AppleWebKit/537.36 (KHTML,
like Gecko) Chrome/54.0.2840.99 Safari/537.36"}
import requests
url = 'https://movie.douban.com/subject/26277313/'
res = requests.get(url,headers = headers)
print(res.content.decode())
```

运行结果如下。

```
<!DOCTYPE html>
<html lang="zh-CN" class="ua-windows ua-webkit">
<head>
    <meta http-equiv="Content-Type" content="text/html; charset=utf-8">
    <meta name="renderer" content="webkit">
    <meta name="referrer" content="always">
    <meta name="google-site-verification" content="ok0wCgT20tBBgo9_zat2iAcimtN4Ftf5ccsh092Xeyw" />
    <title>
        西游记之大圣归来 (豆瓣)
</title>
……以下省略……
```

可以发现，设置了 headers 参数之后就可以正常获取网页中的数据了。

注意 **在 headers 参数中的 User-Agent 表示用户代理，它是一个特殊字符串头，用于向访问网站提供你所使用的浏览器类型及版本、操作系统及版本、浏览器内核等信息的标识。**

在这个示例中，headers 参数的作用就是将爬虫请求模拟成一个普通用户，并通过 Chrome 浏览器访问豆瓣网。

6.3.4 提取关键数据

获取到网页的源代码之后我们即可从中提取关键数据，例如标题数据。

要想提取标题信息，需要先了解相关代码。在标题上右键单击，查看标题对应的 HTML 代码，如图 6–3 所示。

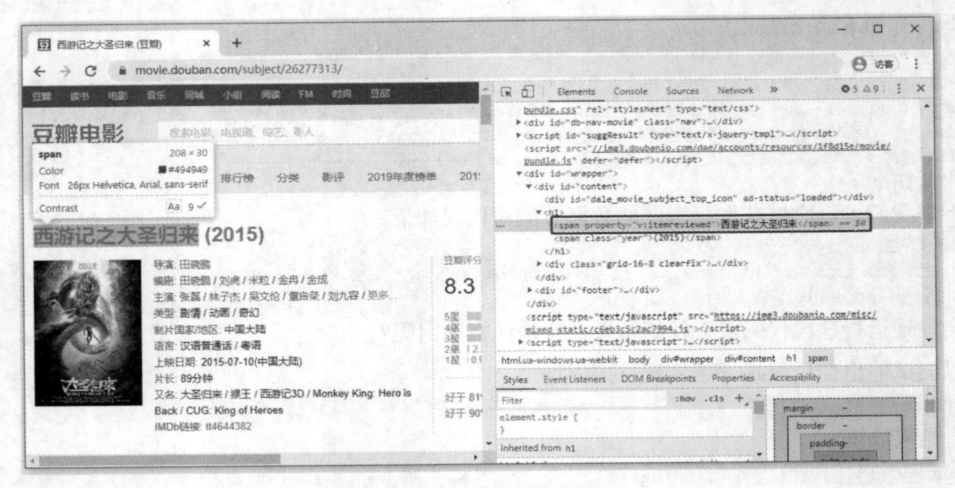

图 6-3　查看标题源代码

通过这个步骤我们可以发现标题在网页中的源代码如下。

```
<span property="v:itemreviewed">西游记之大圣归来</span>
```

了解了标题的源代码后，接下来可以使用正则表达式从网页源代码中提取标题数据。

```
headers = {"User-Agent": "Mozilla/5.0 (Windows NT 10.0; Win64; x64) AppleWebKit/537.36 (KHTML, like Gecko) Chrome/54.0.2840.99 Safari/537.36"}
import requests
url = 'https://movie.douban.com/subject/26277313/'
res = requests.get(url,headers = headers)
page = res.content.decode()
import re
title = re.search(r'<span property="v:itemreviewed">(.*?)</span>',page,re.S)
print(title.group(1))
```

运行结果如下。

```
西游记之大圣归来
```

可以发现使用“(.*?)”就能将我们想要的数据提取出来。

课后练习

1. 使用爬虫获取自己学校招生信息网历年的录取分数。
2. 使用爬虫获取任意一个新闻网站首页的所有标题数据。

任务 6.4　使用爬虫批量获取微博热搜数据

使用爬虫的目的是从网站中自动地批量获取数据。

在本任务中，你将使用爬虫批量提取微博热搜的信息，提取热搜的标题文本和对应地址，了解如何使用爬虫批量提取你想要的数据。

6.4.1　查看网页的结构

首先尝试完成如下操作。

（1）打开浏览器访问微博热搜。

（2）右键单击并选择“检查”选项，查看网页源代码。

（3）查看某一条热搜的源代码，如图 6–4 所示。

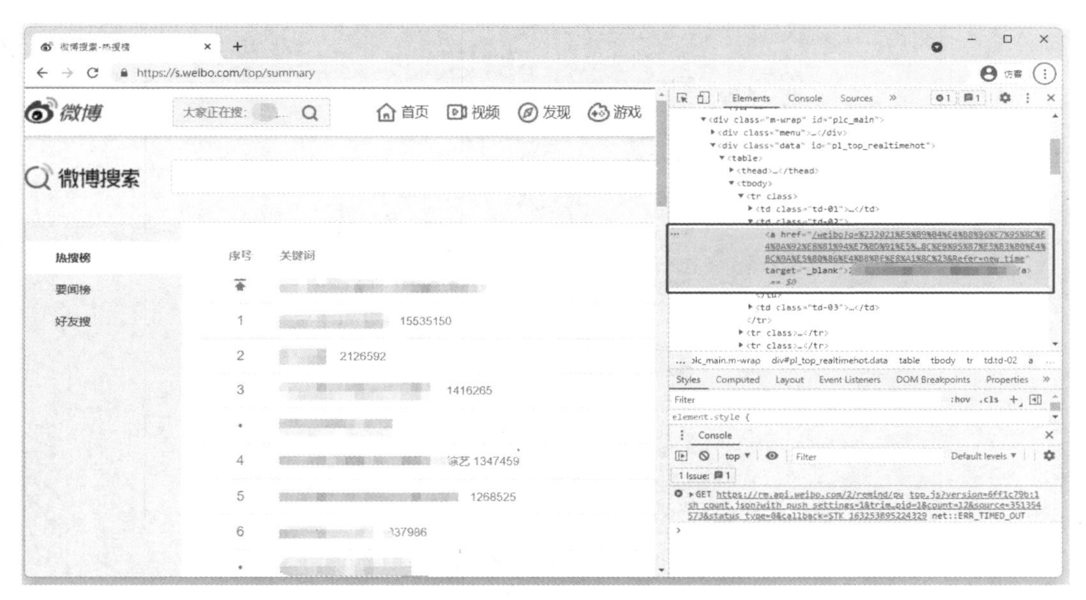

图 6-4　查看热搜标题的源代码

接下来我们需要使用爬虫下载网页数据。

```
import requests
cookies = {'SUB':'working'} # 设置 cookies
html = requests.get('https://s.weibo.com/top/summary',cookies = cookies)
content = html.content.decode()
print(content)
```

运行结果如下。

```
<!DOCTYPE html>
<html>
<head>
    <meta charset="utf-8">
    <meta http-equiv="X-UA-Compatible" content="IE=edge"/>
    <meta name="renderer" content="webkit"/>
    <meta name="viewport" content="initial-scale=1,minimum-scale=1"/>
    <title>微博搜索-热搜榜</title>
    <link  href="//img.t.sinajs.cn/t4/appstyle/searchpc/css/pc/css/video.css?version=202005111436"
rel="stylesheet"/>
```

```
        <link href="//img.t.sinajs.cn/t4/appstyle/searchpc/css/pc/css/global.css?version=202005111436"
rel="stylesheet"/>
        <link href="//img.t.sinajs.cn/t4/appstyle/searchpc/css/pc/css/module.css?version=202005111436"
rel="stylesheet"/>
    ……以下省略……
```

6.4.2 提取网页的关键信息

获取到网页数据之后，我们需要从网页数据中提取关键数据。

可以尝试复制其中一条热搜的源代码，在 td 标签上右键单击并选择“Copy”→“Copy element”，如图 6–5 所示。

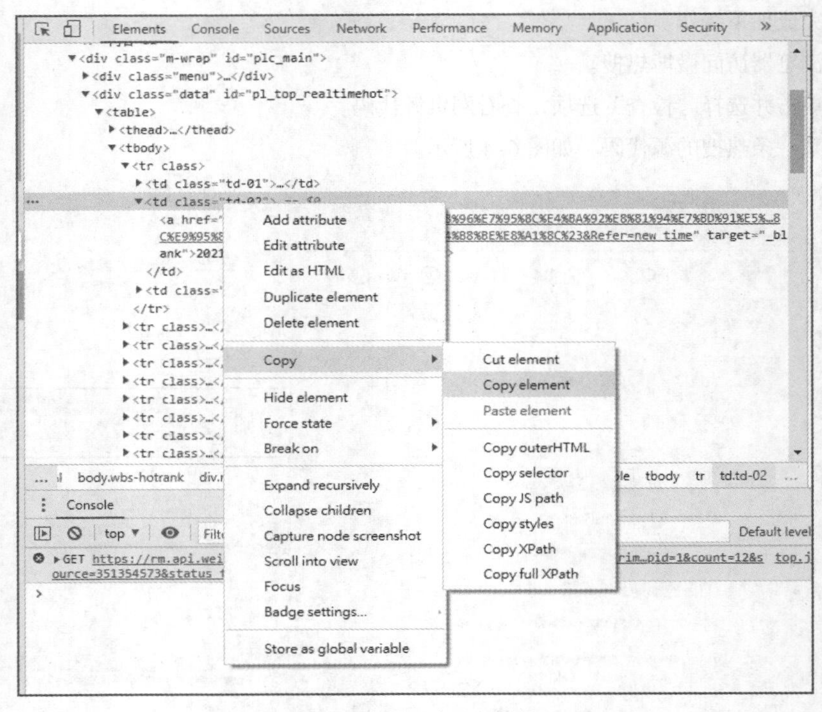

图 6-5　复制一条热搜数据

然后将这条热搜的源代码粘贴到正则测试网站（正则测试网站可以实时测试正则表达式能匹配到的数据，通过搜索引擎搜索“正则测试”即可获取正则测试网站的网址）中，编写正则表达式“<td class="td-02">\s*<a href="(.*?)".*?>(.*?)</a>”，如图 6–6 所示。

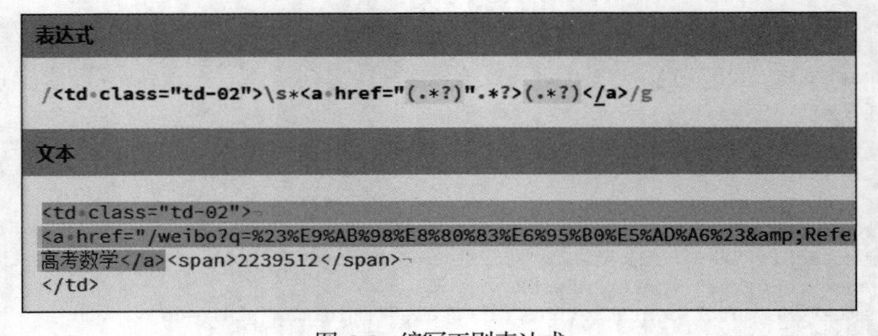

图 6-6　编写正则表达式

可以发现关键信息已经被正则表达式匹配了，接下来可以编写代码进行批量获取。

6.4.3 批量获取网页数据

下面使用 requests 和正则表达式就可以实现微博热搜数据的获取，编写代码如下。

```
html = requests.get('https://s.weibo.com/top/summary')
content = html.content.decode()
import re
tbody = re.findall(r'<tbody>(.*?)</tbody>',content,re.S)
td_list = re.findall(r'<td class="td-02">\s*<a href="(.*?)".*?>(.*?)</a>',content,re.S)
print(td_list)
```

运行结果如下。

```
[('/weibo?q=%232020%E5%B9%B4%E5%85%A8%E5%9B%BD%E8%AE%A1%E5%88%92%E6%8B%9B%E8%81%98%E7%89%B9%E5%B2%97%E6%95%99%E5%B8%8810.5%E4%B8%87%E5%90%8D%23&Refer=new_time',
'2020年全国计划招聘特岗教师10.5万名'),
……以下省略……
```

这段爬虫程序完成了批量获取微博热搜的地址与地址对应的标题。

6.4.4 数据加工

查看获取的数据可以发现，热搜的地址无法直接打开，还需要将微博的域名拼接上去。

```
# 处理数据
links = ["https://s.weibo.com/" + str(link[0]) for link in td_list]
titles = [title[1] for title in td_list]
print(links)
print(titles)
```

运行结果如下。

```
['https://s.weibo.com//weibo?q=%23%E5%85%AC%E5%AE%89%E9%83%A8%E6%89%93%E6%8B%90%E5%8A%9E%E9%A6%96%E6%AC%A1%E8%AE%A4%E4%BA%B2%E7%9B%B4%E6%92%AD%23&Refer=new_time',
……以下省略……
['******', '******', '******', '******', '******', '******', '******',
……以下省略……
```

再次测试可以发现热搜标题对应的地址已经能正常访问了。

6.4.5 数据持久化

如果想要重复利用提取到的数据，还需要对它进行数据持久化，也就是将它保存在本地或者数据库中。接下来我们将获取到的数据保存至 CSV 文件中。

```
import csv
# 写入标题与内容
filePath = 'D://top_weibo.csv'  # 文件保存路径
with open(filePath, 'w') as csvfile:
    head = ['地址','标题']  # CSV 文件标题
    writer = csv.writer(csvfile)
    writer.writerow(head) #写入首行数据
    for line in range(len(links)):
        row = []   # 数据行
        row.append(links[line])
        row.append(titles[line])
        writer.writerow(row)  # 写入一行数据
```

运行代码之后可以发现 D 盘根目录下生成了一个 CSV 文件，打开它可以看到相关数据，如图 6-7 所示。

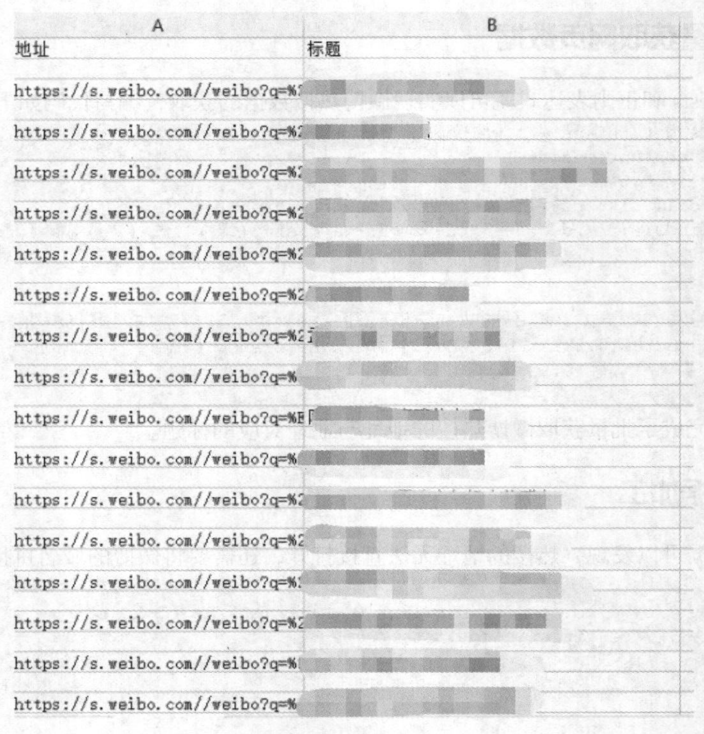

A	B
地址	标题
https://s.weibo.com//weibo?q=%	
https://s.weibo.com//weibo?q=%2	
https://s.weibo.com//weibo?q=%2	
https://s.weibo.com//weibo?q=%2	
https://s.weibo.com//weibo?q=%2	
https://s.weibo.com//weibo?q=%2	
https://s.weibo.com//weibo?q=%2	
https://s.weibo.com//weibo?q=%	
https://s.weibo.com//weibo?q=%E	
https://s.weibo.com//weibo?q=%	
https://s.weibo.com//weibo?q=%2	
https://s.weibo.com//weibo?q=%2	
https://s.weibo.com//weibo?q=%	
https://s.weibo.com//weibo?q=%2	
https://s.weibo.com//weibo?q=%	
https://s.weibo.com//weibo?q=%	

图 6-7　CSV 文件中的数据

课后练习

使用爬虫批量获取任意一热新闻网站的标题和地址信息并将提取到的数据保存至 CSV 文件中。

项目小结

在本项目中，我们使用 Python 编写了 4 个程序。

1. 使用正则表达式提取手机号。
2. 从文本数据中提取年月日数据。
3. 使用爬虫获取豆瓣电影标题。
4. 使用爬虫批量获取微博热搜数据。

通过编写这些程序，我们学到了以下知识。

1. 爬虫程序本质上就是先下载网络中的数据，然后提取关键信息。
2. 有一些网站启动了反爬虫机制，可以通过使用 headers 参数模拟成普通用户的方式来获取网站数据。
3. 正则表达式可以帮助我们提取字符串中的关键数据。
4. 正则表达式的基本使用方法如表 6–2 所示。

表 6-2 正则表达式总结

实例	描述
[Pp]ython	匹配“Python”或“python”
rub[ye]	匹配“ruby”或“rube”
[abcdef]	匹配方括号内的任意一个英文字母
[0–9]	匹配任意数字，类似于[0123456789]
[a–z]	匹配任意小写英文字母
[A–Z]	匹配任意大写英文字母
[a–zA–Z0–9]	匹配任意英文字母及数字
[^au]	匹配除了 au 字母外的所有字符
[^0–9]	匹配除了数字外的字符
.	匹配除换行符（\n）之外的任意单个字符
?	匹配一个字符 0 次或 1 次，另一个作用是非贪婪模式
+	匹配 1 次或多次
*	匹配 0 次或多次
\b	匹配一个长度为 0 的子串
\d	匹配一个数字字符，等价于[0–9]
\D	匹配一个非数字字符，等价于[^0–9]
\s	匹配任意空白字符，包括空格、制表符、换页符等，等价于[\f\n\r\t\v]
\S	匹配任意非空白字符，等价于[^ \f\n\r\t\v]
\w	匹配包括下划线的任何单词字符，等价于[A–Za–z0–9_]
\W	匹配任意非单词字符，等价于[^A–Za–z0–9_]
\b	匹配一个长度为 0 的子串

项目习题

1. 编写正则表达式提取所有的电话号码，数据如下。

2118673676

(211)8673676

211.867.3676

(211)867–3676

211–867–3676

2. 获取任意一个新闻网站首页的所有新闻和地址。

项目七

让烦琐的工作自动化——使用 Python 处理 Excel 文件

项目要点

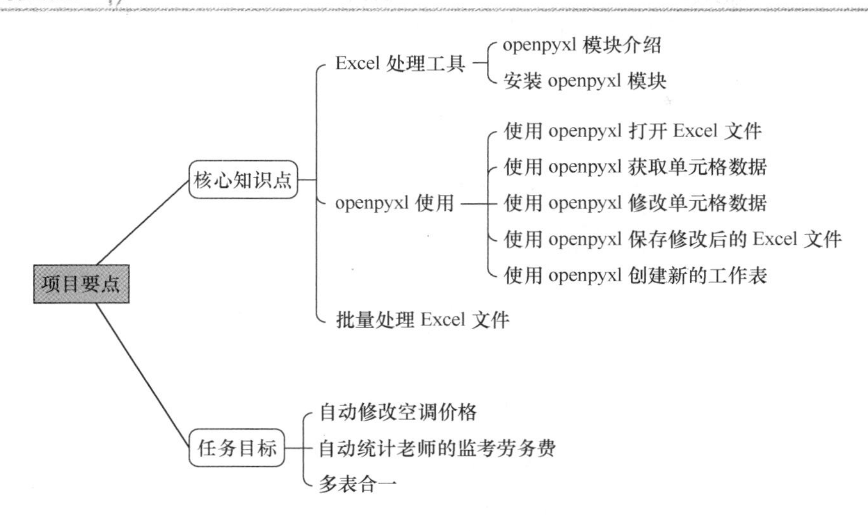

项目场景

我们在日常生活、学习、工作中经常会接触到一款专门处理表格数据的软件——Excel。虽然该软件功能十分强大，但使用起来也十分烦琐。有的时候，为了整理一些表格，我们需要耗费大量的时间和精力。

本项目将带你学习如何通过编写 Python 程序，让程序自动批量处理 Excel 文件，让你从烦琐的重复劳动中解脱出来。

任务 7.1　安装 openpyxl

想要通过程序来实现自动化处理 Excel 文件，首先要解决一个问题，即读写 Excel 文件中的数据。Python 中有一个叫 openpyxl 的第三方模块，该模块可实现读写 Excel 文件数据。因此，在尝试使用 Python 处理 Excel 文件之前，需要安装 openpyxl 模块。

与安装其他第三方模块一样，只需要在“命令提示符”窗口中执行 pip install openpyxl 命令即可在线安装，若看到“Successfully installed openpyxl”，则说明安装成功。安装成功的界面如图 7–1 所示。

```
C:\Users\Administrator>pip install openpyxl
Collecting openpyxl
  Downloading https://files.pythonhosted.org/packages/95/8c/83563c60489954e5b80f9e2596b93a68e1ac4e4a730deb1aae632066d704
/openpyxl-3.0.3.tar.gz (172kB)
    100% |████████████████████████████████| 174kB 655kB/s
Requirement already satisfied: jdcal in c:\programdata\anaconda3\lib\site-packages (from openpyxl)
Requirement already satisfied: et_xmlfile in c:\programdata\anaconda3\lib\site-packages (from openpyxl)
Building wheels for collected packages: openpyxl
  Running setup.py bdist_wheel for openpyxl ... done
  Stored in directory: C:\Users\Administrator\AppData\Local\pip\Cache\wheels\b5\85\ca\e768ac132e57e75e645a151f8badac71cc
0089e7225dddf76b
Successfully built openpyxl
Installing collected packages: openpyxl
Successfully installed openpyxl-3.0.3
You are using pip version 9.0.1, however version 20.0.2 is available.
You should consider upgrading via the 'python -m pip install --upgrade pip' command.
```

图 7-1　openpyxl 安装成功

任务 7.2　自动修改空调售价

小李是一名空调销售员，他所售卖的空调的价格数据保存在一个 Excel 文件里，部分数据如图 7-2 所示。

	A	B
1	型号	售价
2	格力KFR-26GW/(26592)FNAa-A3	3299
3	美的KFR-35GW/BP2DN1Y-PC400(B3)	3199
4	美的KFR-23GW/DY-PC400(D3)	2099
5	奥克斯KFR-35GW/BpTYC1+1	2699
6	格力KFR-50LW/(50591)NhAa-3	4999
7	格力KFR-72LW/(72591)NhAa-3	5699
8	格力KFR-72LW/(72553)FNhAa-A3	8349
9	美的KFR-35GW/WDAA3@	2799
10	美的KFR-35GW/BP2DN1Y-PC400(B3)	3199
11	奥克斯KFR-72LW/BpR3HYB1+1	5999
12	TCL KFRd-35GW/D-XG21Bp(A1)	1849
13	海尔KFR-72LW/06TAA81U1	7999
14	海尔KFR-35GW/03JDM83A	3099
15	海信KFR-34GW/A8X117N-A1(1P78)	2199
16	海尔KFR-35GW/03QAA81AU1	4699
17	三菱重工KFR-25GW/EKBV1Bp	3799
18	小米KFR-72LW/V1A1	5099
19	小米KFR-26GW/V1A1	2099
20	小米KFR-26GW/V2A1	2299
21	海信KFR-72LW/A8X580Z-A1(2N33)	8599
22	海信KFR-72LW/A8X620Z-A1(2N30)	9999
23	海信KFR-50LW/A8X700Z-A1(1P60)	6299
24	奥克斯KFR-35GW/BpNFW+3	2499
25	奥克斯KFR-25GW/NFW+3	1699

Sheet1　Sheet2　Sheet3

图 7-2　空调售价

最近，由于格力空调的进货价提高了 20%，所以他想要将 Excel 文件中所有格力空调的售价提高 20%。但一行一行进行修改的效率很低，而且容易出错。你能帮他编写一个程序来自动修改格力牌空调的售价吗？

其实我们只要知道如何使用 openpyxl 模块打开 Excel 文件，读取单元格中的数据，修改单元格中的数据，以及保存修改结果，就能帮助小李从重复劳动中解脱出来。

7.2.1　打开 Excel 文件

使用 openpyxl 打开 Excel 文件很简单，只需要调用 load_workbook()函数即可。假设小李的 Excel 文件名为“data.xlsx”，则打开该文件的示例代码如下。

```
# 导入 openpyxl 模块
import openpyxl

# 打开文件名为“data.xlsx”的 Excel 文件
workbook = openpyxl.load_workbook('data.xlsx')
```

注意

load_workbook()函数会返回表格对象，该对象可以看成 Excel 文件本身。

7.2.2 获取单元格中的数据

我们知道 Excel 表格是由多个工作表组成的，每个工作表是由多个单元格组成的，如图 7–2 所示。所以，在获取单元格中的数据之前，先要指定工作表。假设小李的价格数据都保存在图 7–2 所示的“Sheet1”工作表中，那么指定“Sheet1”工作表的代码如下。

```
# 指定 Excel 文件中的“Sheet1”工作表，并将其赋值到 Sheet1 变量中
Sheet1 = workbook['Sheet1']
```

这样就指定了工作表，相当于打开 data.xlsx 后，单击“Sheet1”。

接下来就可以尝试读取“Sheet1”工作表中单元格的数据了。假设要读取 A5 单元格中的数据，则代码如下。

```
# 输出 Sheet1 中 A5 的数据
print(Sheet1['A5'].value)
```

运行结果如下。

```
奥克斯 KFR-35GW/BpTYC1+1
```

7.2.3 修改单元格中的数据

既然“Sheet1['A5'].value”是 A5 单元格中的数据，那么只需要对其赋值，就能修改该单元格中的数据。将 A5 单元格中的数据修改成“小米”的代码如下。

```
# 将 A5 单元格中的数据修改成小米
Sheet1['A5'].value = '小米'
# 输出修改后 A5 的数据
print(Sheet1['A5'].value)
```

运行结果如下。

```
小米
```

7.2.4 保存修改结果

一般情况下，修改了 Excel 文件中的数据之后需要保存修改结果，不然之前的工作就都前功尽弃了。openpyxl 也不例外，想要保存对 Excel 文件的修改，需调用 save()函数，示例代码如下。

```
# 保存修改后的 Excel 文件
workbook.save('data.xlsx')
```

7.2.5 修改格力空调的价格

接下来需要批量修改格力牌空调的价格。只需要遍历“Sheet1”工作表中的所有行，在遍历的过程中判断型号中是否有“格力”，若有，则将其价格修改成原来的 1.2 倍。对于遍历时的操作，相信你的脑海里已经有大致思路了。但在遍历前，需要知道“Sheet1”工作表中有多少行。获得行数非常简单，可以使用 Sheet1.max_row 返回“Sheet1”工作表的行数。

所以修改格力牌空调价格的代码如下。

```
import openpyxl

workbook = openpyxl.load_workbook('data.xlsx')
Sheet1 = workbook["Sheet1"]

#表格中的第 1 行是表头，所以从第 2 行开始遍历
for row_idx in range(2, Sheet1.max_row+1):
    #判断该行代表的空调是不是格力牌的
    if '格力' in Sheet1['A'+str(row_idx)].value:
       price = float(Sheet1['B'+str(row_idx)].value)
```

```
        # 价格提高 20%
        price *= 1.2
        Sheet1['B' + str(row_idx)].value = float(price)

#保存修改
workbook.save('data.xlsx')
```

修改后的 data.xlsx 部分数据如图 7-3 所示。

	A	B
1	型号	售价
2	格力KFR-26GW/(26592)FNAa-A3	3958.8
3	美的KFR-35GW/BP2DN1Y-PC400(B3)	3199
4	美的KFR-23GW/DY-PC400(D3)	2099
5	奥克斯KFR-35GW/BpTYC1+1	2699
6	格力KFR-50LW/(50591)NhAa-3	5998.8
7	格力KFR-72LW/(72591)NhAa-3	6838.8
8	格力KFR-72LW/(72553)FNhAa-A3	10018.8
9	美的KFR-35GW/WDAA3@	2799
10	美的KFR-35GW/BP2DN1Y-PC400(B3)	3199
11	奥克斯KFR-72LW/BpR3HYB1+1	5999
12	TCL KFRd-35GW/D-XG21Bp(A1)	1849
13	海尔KFR-72LW/06TAA81U1	7999
14	海尔KFR-35GW/03JDM83A	3099
15	海信KFR-34GW/A8X117N-A1(1P78)	2199
16	海尔KFR-35GW/03QAA81AU1	4699
17	三菱重工KFR-25GW/EKBV1Bp	3799
18	小米KFR-72LW/V1A1	5099
19	小米KFR-26GW/V1A1	2099
20	小米KFR-26GW/V2A1	2299
21	海信KFR-72LW/A8X580Z-A1(2N33)	8599
22	海信KFR-72LW/A8X620Z-A1(2N30)	9999
23	海信KFR-50LW/A8X700Z-A1(1P60)	6299
24	奥克斯KFR-35GW/BpNFW+3	2499
25	奥克斯KFR-25GW/NFW+3	1699
26	奥克斯KFR-51LW/R1TC01+2	3799
27	TCL KFRd-35GW/D-XG21Bp(A1)	1849
28	TCL KFRd-120LW/C23S	8499
29	TCL KFRd-26GW/ES12BpA	2299
30	TCL KFRd-72LW/DBp-MY11+A2	7299

Sheet1 Sheet2 Sheet3 +

图 7-3 修改后的 data.xlsx

课后练习

1. 编写 Python 程序，实现对小米的空调售价批量打 8 折的功能。
2. 编写 Python 程序，输出 Excel 文件中有多少款小米的空调。

任务 7.3 自动统计老师的监考劳务费

A 高校期末考试的监考工作由本校老师承担，老师每监考一场就能获得 120 元监考劳务费。

小赵是该高校的财务处科员，每到学期期末，需要根据监考安排表来统计老师们兼职监考的劳务费。监考安排表如图 7-4 所示。

	A	B	C	D	E	F
1	期末考试安排					
2-3	序号	班级	科目	监考老师	科目	监考老师
4	1	6班	C语言程序设计	朱韬、赵怀平	计算机网络	曾辰、钱长财
5	2	7班	计算机网络	张纬、刘梅	数据库应用技术	王东、侯昕斌
6	3	8班	数据库应用技术	刘秀、李鑫	C语言程序设计	陈忠国、孙达
7	4	9班	Python程序设计	卢雨迪、庄旺	大学英语	刘小东、萧平
8	5	10班	大学英语	谭镒、李露广	Python程序设计	张雪岩、刘泓霖
9						
10						

7.1期末考试安排 7.2期末考试安排

图 7-4 监考安排表

可想而知，若一位一位地手动统计会比较烦琐，而且效率低下、易出错。其实，这种表格很适合通过编写程序来实现自动统计。因为表格中每个工作表的格式基本上是固定的，所以只要知道怎样获取表格中所有工作表的名字，然后通过使用循环、判断和任务 7.2 中所学的知识就能实现自动统计监考劳务费的功能。

微课视频

7.3.1 获取所有工作表的名字

假设表中有 1000 个工作表，那么在统计老师的监考次数时就需要遍历这 1000 个工作表。遍历时，需要知道每个工作表的名字才能指定工作表。

想要获取所有工作表的名字很简单，workbook 中有一个列表叫 sheetnames，该列表保存了当前 Excel 文件中所有工作表的名字。示例代码如下。

```
import openpyxl

#读取监考安排表
workbook = openpyxl.load_workbook('data.xlsx')
#获取所有 sheet 的名字，并赋值给 sheet_names
sheet_names = workbook.sheetnames
print(sheet_names)
```

输出结果如下。

```
['7.1 期末考试安排', '7.2 期末考试安排']
```

7.3.2 统计老师监考次数

获取到所有工作表的名字之后，就可以着手统计老师们的监考次数了。统计监考次数时需要注意以下两点。

（1）表格中的老师名字只出现在 D 列和 F 列中。

（2）每次考试都会有两位老师一起监考，在表格中用顿号“、”将名字分隔。因此，统计老师的姓名时可以考虑用 split()函数来分割。

统计老师们监考次数的代码如下。

```
import openpyxl

workbook = openpyxl.load_workbook('data.xlsx')
sheet_names = workbook.sheetnames

#用于保存老师监考次数的字典，key 表示老师姓名，value 表示监考次数
work_count = {}

#遍历所有工作表
```

```
    for sheet_name in sheet_names:
        sheet = workbook[sheet_name]
        #分别每行统计D列和F列中的老师姓名
        for row_idx in range(4, sheet.max_row+1):
            students = sheet['D'+str(row_idx)].value
            for student in students.split('、'):
                if student not in work_count:
                    work_count[student] = 1
                else:
                    work_count[student] += 1
            students = sheet['F'+str(row_idx)].value
            for student in students.split('、'):
                if student not in work_count:
                    work_count[student] = 1
                else:
                    work_count[student] += 1
    print(work_count)
```

运行结果如下。

```
{'张纬': 2, '李鑫': 3, '张四平': 1, '刘梅': 2, '王东': 2, '赵怀平': 2, '王瑞涛': 1, '司马锦': 1, '陈忠国': 2, '刘小东': 2, '胡锦鹏': 1, '孙达': 2, '钱长财': 2, '阳广': 1, '侯昕斌': 2, '萧平': 2, '朱韬': 2, '谭镒': 2, '曾辰': 2, '刘秀': 1, '卢雨迪': 1, '庄旺': 1, '李露广': 1, '张雪岩': 1, '刘泓霖': 1}
```

7.3.3 创建新的工作表

虽然 work_count 变量已经很好地保存了老师们的监考信息，但如果将这些信息写到 Excel 文件的一个工作表中会更便于日后查看。本小节将教你如何在 Excel 文件中创建新的工作表。

创建新的工作表，可以调用 create_sheet()函数，至于工作表叫什么，由你决定。例如：在 data.xlsx 中创建一个名字为“监考劳务费统计”的工作表，代码如下。

```
import openpyxl

#打开data.xlsx，获得Excel文件对象workbook
workbook = openpyxl.load_workbook('data.xlsx')
#在workbook中创建一个叫作监考劳务费统计的工作表
new_sheet = workbook.create_sheet('监考劳务费统计')
#保存修改
workbook.save('data.xlsx')
```

运行上述代码后，打开 data.xlsx 会发现我们想要的工作表已被创建，如图 7–5 所示。

7.1期末考试安排	7.2期末考试安排	监考劳务费统计

图 7-5　创建新的工作表

有了新工作表之后，就可以将之前统计的监考次数写到这个新工作表中。往工作表里的单元格写入数据，对你来说应该不是难事。这里给出示例代码，当然，你也可以根据自己的喜好来填写该工作表中的内容。

```
#注意：workbook与work_count都是7.3.2小节中的内容，这里不赘述
new_sheet = workbook.create_sheet('监考劳务费统计')
new_sheet['A1'] = '姓名'
new_sheet['B1'] = '监考次数'
new_sheet['C1'] = '待发放劳务费'
for i, key in enumerate(work_count.keys()):
    new_sheet['A'+str(i+2)] = key
    new_sheet['B'+str(i+2)] = str(work_count[key])
    #每监考一次，发放120元
    new_sheet['C' + str(i + 2)] = str(work_count[key]*120)
workbook.save('data.xlsx')
```

运行示例代码后，你会看到图 7–6 所示的表格。

	A	B	C
1	姓名	监考次数	待发放劳务
2	张纬	2	240
3	李鑫	3	360
4	张四平	1	120
5	刘梅	2	240
6	王东	2	240
7	赵怀平	2	240
8	王瑞涛	1	120
9	司马锦	1	120
10	陈忠国	2	240
11	刘小东	2	240
12	胡锦鹏	1	120
13	孙达	2	240
14	钱长财	2	240
15	阳广	1	120
16	侯昕斌	2	240
17	萧平	2	240
18	朱韬	2	240
19	谭镒	2	240
20	曾辰	2	240
21	刘秀	1	120
22	卢雨迪	1	120
23	庄旺	1	120
24	李露广	1	120
25	张雪岩	1	120
26	刘泓霖	1	120

图 7-6　监考劳务费统计结果

课后练习

1. 修改代码，实现“监考劳务费统计”工作表中数据按监考次数降序排序。
2. 修改代码，统计所有姓刘的老师的监考次数总和。

任务 7.4　多表合一

小刚在某电商公司从事运营工作，有一天，老板给他安排了一个工作：根据用户的评论来分析哪些品牌、哪些型号的热水器的口碑好，为公司的采购部门提出有效建议。

可当拿到数据之后，小刚傻眼了。数据放在了“data”文件夹下，而且 Excel 文件有很多，总共有 21 个。每个 Excel 文件中有将近 10000 条数据，如图 7–7 和图 7–8 所示。

data0.xlsx	2020/4/18 11:00	XLSX 工作表	681 KB
data1.xlsx	2020/4/18 11:00	XLSX 工作表	653 KB
data2.xlsx	2020/4/18 11:00	XLSX 工作表	636 KB
data3.xlsx	2020/4/18 11:00	XLSX 工作表	647 KB
data4.xlsx	2020/4/18 11:00	XLSX 工作表	641 KB
data5.xlsx	2020/4/18 11:00	XLSX 工作表	669 KB
data6.xlsx	2020/4/18 11:00	XLSX 工作表	688 KB
data7.xlsx	2020/4/18 11:00	XLSX 工作表	684 KB
data8.xlsx	2020/4/18 11:00	XLSX 工作表	616 KB
data9.xlsx	2020/4/18 11:00	XLSX 工作表	662 KB
data10.xlsx	2020/4/18 11:00	XLSX 工作表	628 KB
data11.xlsx	2020/4/18 11:00	XLSX 工作表	639 KB
data12.xlsx	2020/4/18 11:00	XLSX 工作表	665 KB
data13.xlsx	2020/4/18 11:00	XLSX 工作表	660 KB
data14.xlsx	2020/4/18 11:00	XLSX 工作表	681 KB
data15.xlsx	2020/4/18 11:00	XLSX 工作表	685 KB
data16.xlsx	2020/4/18 11:00	XLSX 工作表	681 KB
data17.xlsx	2020/4/18 11:00	XLSX 工作表	734 KB
data18.xlsx	2020/4/18 11:00	XLSX 工作表	653 KB
data19.xlsx	2020/4/18 11:00	XLSX 工作表	691 KB
data20.xlsx	2020/4/18 11:00	XLSX 工作表	593 KB

图 7-7　所有 Excel 文件

	A	B	C	D	E
1	电商平台	品牌	评论	时间	型号
2	京东	AO	自己安装的，感觉蛮好。后续追加。	2014-10-17 14:24:00	AO史密斯（A.O.Smith） ET300J-60 电热水器 60升
3	京东	AO	\n\nAO史密斯（A.O.Smith） ET300J-60 电热水器 60升 还没	2014-11-12 13:36:00	AO史密斯（A.O.Smith） ET300J-60 电热水器 60升
4	京东	AO	还没装，等安装之后再来吧，为装修备的货。	2014-11-16 00:04:00	AO史密斯（A.O.Smith） ET300J-60 电热水器 60升
5	京东	AO	大小刚刚好，安装收了140材料费，活接、弯头啥的。试机顺	2014-11-11 08:11:00	AO史密斯（A.O.Smith） ET300J-60 电热水器 60升
6	京东	AO	价格便宜质量好！值得再次购买	2014-09-07 19:55:00	AO史密斯（A.O.Smith） ET300J-60 电热水器 60升
7	京东	AO	像个圆筒，跟想象的有点不同。用起来还是很方便的，烧水快	2014-06-27 16:48:00	AO史密斯（A.O.Smith） ET300J-60 电热水器 60升
8	京东	AO	很不错的产品，品牌信得过。	2014-11-10 17:33:00	AO史密斯（A.O.Smith） ET300J-60 电热水器 60升
9	京东	AO	热水器可以，但是任何配件都没有，都要收费，另外安装来的	2014-12-05 08:45:00	AO史密斯（A.O.Smith） ET300J-60 电热水器 60升
10	京东	AO	安装配件太贵了，一个支架80块，一个挂钩50块，接头20一个	2014-12-05 12:56:00	AO史密斯（A.O.Smith） ET300J-60 电热水器 60升
11	京东	AO	大品牌，还行，服务确实好，加热快……	2014-11-01 00:03:00	AO史密斯（A.O.Smith） ET300J-60 电热水器 60升
12	京东	AO	还没安装嘞，还没安装嘞还没安装嘞还没安装嘞	2014-12-05 00:02:00	AO史密斯（A.O.Smith） ET300J-60 电热水器 60升
13	京东	AO	送货安装都很快，配件又花了420.	2014-12-05 10:23:00	AO史密斯（A.O.Smith） ET300J-60 电热水器 60升
14	京东	AO	安装的师傅服务一流，就冲着感受一下服务也值得购买。	2014-12-05 17:20:00	AO史密斯（A.O.Smith） ET300J-60 电热水器 60升
15	京东	AO	史密斯的售后很好，但是样子太笨拙	2014-10-17 11:17:00	AO史密斯（A.O.Smith） ET300J-60 电热水器 60升
16	京东	AO	史密斯大牌子，上午订的饭后就给送来了	2014-12-06 09:14:00	AO史密斯（A.O.Smith） ET300J-60 电热水器 60升
17	京东	AO	AO史密斯（A.O.Smith） ET300J-60 电热水器 60升	2014-12-05 00:00:00	AO史密斯（A.O.Smith） ET300J-60 电热水器 60升
18	京东	AO	还未安装，知名品牌，应该还好吧	2014-11-11 22:46:00	AO史密斯（A.O.Smith） ET300J-60 电热水器 60升
19	京东	AO	特价买进。。。。。。。。。。。。。。。	2014-11-12 14:14:00	AO史密斯（A.O.Smith） ET300J-60 电热水器 60升
20	京东	AO	AO史密斯（A.O.Smith） ET300J-60 电热水器 60升	2014-12-01 06:37:00	AO史密斯（A.O.Smith） ET300J-60 电热水器 60升
21	京东	AO	还没有用，不清楚使用怎么样，不过外观很好。	2014-11-27 05:30:00	AO史密斯（A.O.Smith） ET300J-60 电热水器 60升
22	京东	AO	热水器不错，安装师傅也好，就是材料费好贵呀	2014-11-11 21:03:00	AO史密斯（A.O.Smith） ET300J-60 电热水器 60升
23	京东	AO	送货师傅和安装师傅都不错！\n	2014-12-01 00:07:00	AO史密斯（A.O.Smith） ET300J-60 电热水器 60升
24	京东	AO	物流很快，客服服务也不错。新房子使用，还没拆包装	2014-11-17 16:11:00	AO史密斯（A.O.Smith） ET300J-60 电热水器 60升
25	京东	AO	物品相当不错，与描述相符合！	2014-11-10 23:06:00	AO史密斯（A.O.Smith） ET300J-60 电热水器 60升
26	京东	AO	配件真是偏贵，300	2014-11-27 09:10:00	AO史密斯（A.O.Smith） ET300J-60 电热水器 60升

图 7-8　Excel 表格部分数据

小刚认为要将所有 Excel 文件的数据汇聚到一个 Excel 文件中，才好进行后续的分析。你能帮助小刚将这些 Excel 文件的数据合并到一张表格中吗？

7.4.1　创建新的 Excel 文件

想要将所有 Excel 文件中的数据合并到一个文件中，我们需要新建一个 Excel 文件。

创建新文件很简单，只需调用 Workbook()函数，创建出 Excel 文件对象，然后调用 save()函数保存即可，代码如下。

```
import openpyxl

#创建一个空文件
new_workbook = openpyxl.Workbook()
#保存修改，将空文件保存到“all_data.xlsx”文件中
new_workbook.save('all_data.xlsx')
```

运行上述代码后，在当前目录下会生成“all_data.xlsx”文件。文件中的内容如图 7-9 所示。

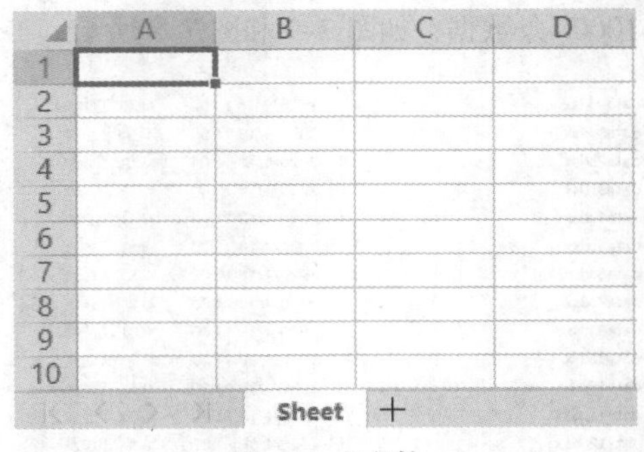

图 7-9　空文件

注意

新建的空文件中会默认创建一个叫作 Sheet 的工作表。

7.4.2 遍历文件夹下所有的文件名

由于待合并的 Excel 文件都在“data”文件夹下，所以要想办法获取“data”文件夹下的 Excel 文件名，才能方便我们合并数据。

Python 的内置模块 os 中提供了一个名字叫 listdir 的函数，该函数可以列出指定文件夹下所有文件的文件名，并将文件名以列表的形式返回给调用方。因此，输出待读取的 Excel 文件名的示例代码如下。

```
import os

print(os.listdir('data'))
```

输出结果如图 7-10 所示。

```
['data0.xlsx', 'data1.xlsx', 'data10.xlsx', 'data11.xlsx', 'data12.xlsx', '
data13.xlsx', 'data14.xlsx', 'data15.xlsx', 'data16.xlsx', 'data17.xlsx', '
data18.xlsx', 'data19.xlsx', 'data2.xlsx', 'data20.xlsx', 'data3.xlsx', 'da
ta4.xlsx', 'data5.xlsx', 'data6.xlsx', 'data7.xlsx', 'data8.xlsx', 'data9.x
lsx', '~$data0.xlsx']
```

图 7-10 “data”文件夹下的 Excel 文件名

7.4.3 合并数据

学会了怎样创建新文件以及怎样获取文件夹下所有的文件名后，合并数据就变得非常简单了。只需要在遍历表格的过程中，往新表格里一行一行地写入数据，最后保存即可，示例代码如下。

```
import openpyxl
import os

#创建新文件
new_workbook = openpyxl.Workbook()
#新文件的默认工作表叫作 Sheet
new_sheet = new_workbook['Sheet']
#写入表头
new_sheet['A1'] = '电商平台'
new_sheet['B1'] = '品牌'
new_sheet['C1'] = '评论'
new_sheet['D1'] = '时间'
new_sheet['E1'] = '型号'

#新文件的数据从第二行开始写入
new_row_idx = 2

#遍历“data”文件夹中的所有 Excel 文件
for excel_name in os.listdir('data'):
    #打开待读取的 Excel 文件
    workbook = openpyxl.load_workbook('data/'+excel_name)
    #待读取文件的工作表叫作 public opinion
    sheet = workbook['public opinion']
    #写入数据
    for row_idx in range(2, sheet.max_row + 1):
        new_sheet['A'+str(new_row_idx)].value = sheet['A' + str(row_idx)].value
        new_sheet['B' + str(new_row_idx)].value = sheet['B' + str(row_idx)].value
        new_sheet['C' + str(new_row_idx)].value = sheet['C' + str(row_idx)].value
        new_sheet['D' + str(new_row_idx)].value = sheet['D' + str(row_idx)].value
        new_sheet['E' + str(new_row_idx)].value = sheet['E' + str(row_idx)].value
        new_row_idx += 1

#保存修改
new_workbook.save('all_data.xlsx')
```

课后练习

1. 修改代码，将汇总结果保存到名字为“汇总”的工作表中。
2. 修改代码，实现汇总美的热水器数据。

项目小结

在本项目中，我们使用 Python 编写了 3 个小程序。

1. 自动修改空调售价。
2. 自动统计老师的监考劳务费。
3. 多表合一。

通过编写这些程序，我们学到了关于 Python 处理 Excel 文件的知识，具体如下。

1. openpyxl 的安装命令为 pip install openpyxl。
2. 使用 openpyxl 操作 Excel 文件的基本思路如下。

- 打开 Excel 文件。
- 指定工作表。
- 读取或修改指定单元格的数据。
- 保存修改。

3. create_sheet()函数可以创建新的工作表，Workbook()函数可以创建空的文件。
4. os 模块中的 listdir()函数可以列举出指定文件夹下所有文件的文件名。
5. 创建空文件时，默认会创建一个叫作“Sheet”的工作表。

项目习题

1. 编写 Python 程序，将任务 7.4 中的数据按品牌分别进行汇总。例如“AO 史密斯”品牌的数据，汇总到“AO.xlsx”文件中；“美的”品牌的数据，汇总到“Midea.xlsx”文件中。

2. 编写 Python 程序，分析项目习题 1 的结果，统计出每个品牌的销售量，并将结果保存到“销售量汇总.xlsx”文件中。

项目八
文件的批量处理——使用 Python 处理 Word 与 PDF 文件

项目要点

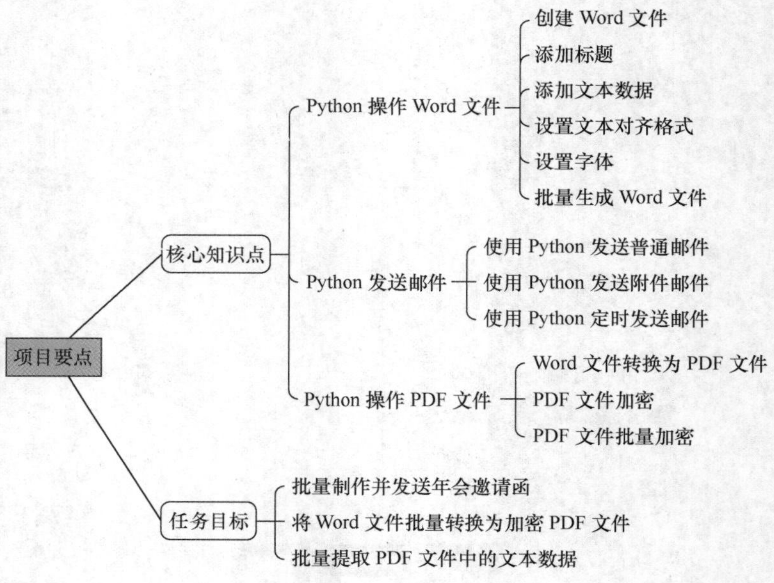

假设你现在接到一个任务：使用 Word 编写 100 封年会邀请函，然后将 Word 格式的邀请函转换为 PDF 格式，最后将这些邀请函通过 E-mail 发送给对应的客户，邀请他们来参加公司年会。

完成这个任务需要做大量、枯燥的重复劳动，Python 能不能帮助我们批量地处理这些重复的工作呢？

答案是能，使用 Python 可以批量处理 Word 和 PDF 文件，在本项目中，我们将使用 Python 对 Word 和 PDF 文件进行批量处理，使用 Python 让烦琐的工作自动化。

任务 8.1　批量制作并发送年会邀请函

本项目的第一个任务是：编写很多份 Word 格式的年会邀请函，然后将这些 Word 文件通过电子邮件分别发送给公司的客户（客户信息保存在 Excel 文件中）。Word 文件的内容如图 8-1 所示。

年会邀请函

尊敬的供应商 1 王波先生/女士：

ABCD 有限公司为感谢您的信任与关爱，我们敬邀并热切期盼与您共聚，乐享我公司举办的 2020 年年终总结及迎新年晚会。

时间：2021 年 1 月 11 日 19:00-21:00

地点：DEF 大酒店 999 贵宾厅

ABCD 公司全体员工诚挚期盼您的光临！

总经理：张三

2020 年 12 月 15 日

图 8-1　年会邀请函

使用 Python 完成这个任务可以分为 3 个步骤。

（1）创建 Word 文件。

（2）读取 Excel 文件中的客户数据，将客户数据写入 Word 文件。

（3）使用 Python 批量发送邮件。

8.1.1　创建 Word 文件

利用 python-docx 模块，可以创建和修改 Word 文件。

在“命令提示符”窗口执行 pip install python-docx 命令即可安装该模块。

安装完 python-docx 模块之后，就可以导入 docx 模块，然后创建一个 Word 文件，代码如下。

```
import docx
doc = docx.Document()
doc.save('D://邀请函.docx')
```

运行这段代码，然后进入 D 盘的根目录下，可以发现已经生成了一个名为“邀请函.docx”的文件，如图 8-2 所示。

邀请函.docx

图 8-2　用 Python 代码创建的 Word 文件

接下来使用 Python 代码给 Word 文件添加内容。

8.1.1.1　添加标题

通过“add_heading('标题',level)”就可以给 Word 文件添加标题，示例如下。

```
import docx
doc = docx.Document()
doc.add_heading('标题 0', 0)
doc.add_heading('标题 1', 1)
doc.add_heading('标题 2', 2)
doc.add_heading('标题 3', 3)
doc.add_heading('标题 4', 4)
doc.save('D://邀请函_addHead.docx')   # 保存更改
```

运行上述程序，然后打开 D 盘根目录下的“邀请函_addHead.docx”文件，可以看到该文件中已经有标题数据了，如图 8-3 所示。

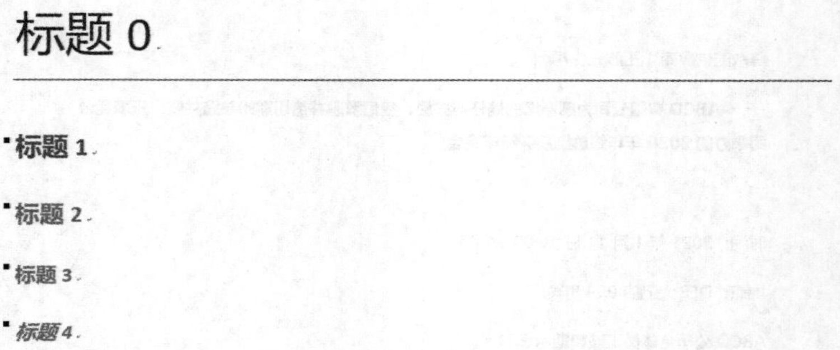

标题 0

标题 1

标题 2

标题 3

标题 4

图 8-3 “邀请函_addHead.docx”中的标题

添加标题之后，可以向 Word 文件中添加文本数据，代码如下。

```
import docx
doc = docx.Document()
doc.add_paragraph('Hello World')
doc.add_paragraph('hello python')
doc.save('D://邀请函_addText.docx')   # 保存更改
```

运行这段程序，然后打开 D 盘根目录下的“邀请函_addText.docx” 文件，可以看到该文件中添加了两段文本数据，如图 8-4 所示。

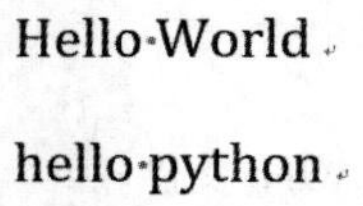

Hello World

hello python

图 8-4 “邀请函_addText.docx”中添加的文本数据

8.1.1.2 居中

除了添加普通的文本，我们还希望添加一些带样式的文本，例如居中的文本，代码如下。

```
import docx
from docx.enum.text import WD_ALIGN_PARAGRAPH   # 导入 docx 枚举

doc = docx.Document()
paragraph = doc.add_paragraph(‘年会邀请函’)
# 添加居中属性
paragraph_format = paragraph.paragraph_format
paragraph_format.alignment = WD_ALIGN_PARAGRAPH.CENTER

doc.add_paragraph('尊敬的 **** 先生/女士：')      # 普通段落
doc.save('D://邀请函_addCenter.docx')           # 保存更改结果
```

可以使用枚举“WD_ALIGN_PARAGRAPH”的值将段落的水平对齐方式设置为左对齐、居中对齐、右对齐或完全对齐（左右对齐），代码运行结果如图 8-5 所示。

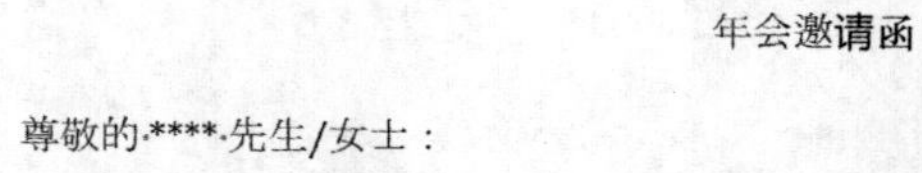

年会邀请函

尊敬的 **** 先生/女士：

图 8-5 “邀请函_addCenter.docx”设置标题文本居中

使用 doc.add_paragraph()可以获得一个 paragraph（段落）对象，通过这个对象可以给段落添加属性，例如 WD_ALIGN_PARAGRAPH.CENTER 属性就可以设置段落居中。

注意 **在这里我们用到了一个新的数据类型——枚举类型，当一个变量有几种可能的取值时，可以将它定义为枚举类型。例如 WD_ALIGN_PARAGRAPH 就有 CENTER（居中）、LEFT（左对齐）、RIGHT（右对齐）等多种取值。**

8.1.1.3 缩进

要设置缩进需要导入 Cm 对象，代码如下。

```
import docx
from docx.shared import Cm
doc = docx.Document()
doc.add_paragraph('尊敬的 **** 先生/女士：')

# 设置缩进
paragraph = doc.add_paragraph('ABCD 有限公司为感谢您的信任与关爱，我们敬邀并热切期盼与您共聚，乐享我公司举办的 2020 年年终总结及迎新年晚会。')
paragraph_format = paragraph.paragraph_format
paragraph_format.first_line_indent = Cm(1)  # 设置首行缩进
doc.save('D://邀请函_addInches.docx')   # 保存更改结果
```

运行效果如图 8-6 所示，可以发现第二行文本已经添加了缩进。

尊敬的 **** 先生/女士：

ABCD 有限公司为感谢您的信任与关爱，我们敬邀并热切期盼与您共聚，乐享我公司举办的 2020 年年终总结及迎新年晚会。

图 8-6 添加缩进

8.1.1.4 加粗

使用 run 对象可以对字体进行加粗，示例如下。

```
import docx
from docx.shared import Cm
doc = docx.Document()
doc.add_paragraph('尊敬的 **** 先生/女士：')
# 设置缩进
paragraph = doc.add_paragraph() # 在这个段落不添加内容
paragraph_format = paragraph.paragraph_format
paragraph_format.first_line_indent = Cm(1)  # 设置首行缩进
# 加粗
run = paragraph.add_run('ABCD 有限公司为感谢您的信任与关爱，我们敬邀并热切期盼与您共聚，乐享我公司举办的 2020 年年终总结及迎新年晚会。')
run.bold = True
doc.save('D://邀请函_addBold.docx')   # 保存更改结果
```

运行结果如图 8-7 所示。

尊敬的 **** 先生/女士：

ABCD 有限公司为感谢您的信任与关爱，我们敬邀并热切期盼与您共聚，乐享我公司举办的 2020 年年终总结及迎新年晚会。

图 8-7 设置文字加粗效果

使用 add_run()函数可以获得一个 run 对象，通过设置 run 对象的属性即可设置加粗、斜体等样式。

8.1.1.5 设置中文字体

可以发现使用 Python 创建的 Word 文件默认使用的是西文字体，而不是中文字体，生成的 Word 文件字体格式不符合我们邀请函的需求，接下来将它改为“宋体”。

```
import docx
from docx.shared import  Cm
from docx.oxml.ns import qn
doc = docx.Document()
# 设置中文字体
doc.styles['Normal'].font.name = u'宋体'
doc.styles['Normal']._element.rPr.rFonts.set(qn('w:eastAsia'), u'宋体')
doc.add_paragraph('尊敬的 **** 先生/女士：')
# 设置缩进
paragraph = doc.add_paragraph() # 在这个段落不添加内容
paragraph_format = paragraph.paragraph_format
paragraph_format.first_line_indent = Cm(1)  # 设置缩进
# 加粗
run=paragraph.add_run('ABCD 有限公司为感谢您的信任与关爱，我们敬邀并热切期盼与您共聚，乐享我公司举办的 2020 年年终总结及迎新年晚会。')
run.bold = True
doc.save('D://邀请函_addChinese.docx')   # 保存更改结果
```

运行结果如图 8-8 所示。

尊敬的 **** 先生/女士：↵

ABCD 有限公司为感谢您的信任与关爱，我们敬邀并热切期盼与您共聚，乐享我公司举办的 2020 年年终总结及迎新年晚会。↵

图 8-8 设置中文字体

8.1.2 读取客户数据，写入 Word 文件

接下来我们可以使用 Python 读取 Excel 文件中的客户数据，然后将客户数据批量地写入 Word 文件。

8.1.2.1 读取 Excel 文件中的客户数据

假如客户数据如表 8-1 所示（文件路径为：data/name_list.xlsx）。

表 8-1 客户数据

单位	名字	邮箱地址
供应商 1	王波	6319@xxx.com
供应商 2	刘海洋	123@xxx.com
供应商 3	李俐	1234@xxx.com
供应商 4	王真真	12321@xxx.com

接下来使用 Python 从 Excel 文件中读取受邀请人的单位、名字和邮箱地址等数据，代码如下。

```
# 从Excel 文件中读取受邀人单位和名字
from openpyxl import load_workbook
wb=load_workbook('data/name_list.xlsx')  # 读取 Excel 文件的内容
ws=wb['name'] # 获取工作表名为 name 的数据
names=[]
# 使用循环将数据保存至 names 列表
for row in range(2,ws.max_row+1):
    company= ws["A"+str(row)].value
    name= ws["B"+str(row)].value
    email = ws["C"+str(row)].value
```

```
        # 将单位、姓名、邮箱地址添加至 names 列表
        names.append(" {} {} {}".format(company,name,email))
    print(names)
```

运行结果如下。

```
['供应商1 王波 6319@xxx.com', '供应商2 刘海洋 123@xxx.com', '供应商3 李俐 1234@xxx.com', '供应商4 王真真 12321@xxx.com']
```

这段代码大致通过 4 个步骤来读取客户的数据。

（1）导入 openpyxl 模块，使用 load_workbook()函数读取 Excel 文件。

（2）读取工作表名为 name 的所有数据。

（3）使用循环将 Excel 文件中的内容保存到 names 列表中。

（4）输出 names 列表中的数据。

8.1.2.2 批量生成邀请函

客户信息读取完成之后，接下来经过以下 3 个步骤就可以批量生成邀请函。

（1）在 D 盘下新建一个名为“邀请函”的文件夹。

（2）从 Excel 文件中获取受邀请人单位的名字。

（3）通过客户数据批量生成邀请函。

```
import docx
from docx.enum.text import WD_ALIGN_PARAGRAPH  # 导入 docx 枚举
from docx.shared import  Cm
from docx.oxml.ns import qn

# 为方便测试，在这里手动编写供应商的数据
names=['供应商1 王波 6319@xxx.com', '供应商2 刘海洋 123@xxx.com', '供应商3 少和光 1234@xxx.com', '供应商4 真凡巧 12321@xxx.com']

# 批量生成邀请函
for name in names:
    info_list = name.split()  # 分割客户的数据
    doc = docx.Document() # 创建 Word 文件
    doc.styles['Normal'].font.name = u'微软雅黑'
    doc.styles['Normal']._element.rPr.rFonts.set(qn('w:eastAsia'), u'微软雅黑')
    paragraph = doc.add_paragraph()
    run_title = paragraph.add_run("年会邀请函\n")
    run_title.bold = True
    paragraph_format = paragraph.paragraph_format
    paragraph_format.alignment = WD_ALIGN_PARAGRAPH.CENTER
    doc.add_paragraph('尊敬的' + info_list[0] + info_list[1] + '先生/女士：')
    paragraph2 = doc.add_paragraph()
    paragraph_format2 = paragraph2.paragraph_format
    paragraph_format2.first_line_indent = Cm(1) #  设置首行缩进
    run = paragraph2.add_run('ABCD 有限公司为感谢您的信任与关爱，我们敬邀并热切期盼与您共聚，乐享我公司举办的 2020 年年终总结及迎新年晚会。')
    run.bold = True
    doc.add_paragraph() # 添加空行
    doc.add_paragraph("时间：2021 年 1 月 11 日 19:00-21:00")
    doc.add_paragraph("地点：DEF 大酒店 999 贵宾厅")
    doc.add_paragraph("ABCD 公司全体员工诚挚期盼您的光临！")
    paragraph_right = doc.add_paragraph()
    paragraph_format_left = paragraph_right.paragraph_format
    paragraph_format_left.alignment = WD_ALIGN_PARAGRAPH.RIGHT
    run_right = paragraph_right.add_run("总经理：张三\n2020 年 12 月 15 日")
    run_right.bold = True
    # 保存文件
    doc.save('D://邀请函/邀请函_' + info_list[0] + '_' + info_list[1] + '.docx')
```

生成的文件如图 8-9 所示。

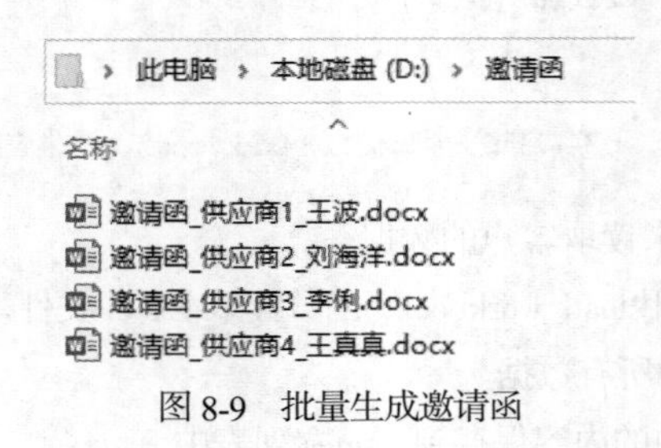

图 8-9　批量生成邀请函

打开其中一个邀请函，可以看到邀请函的内容已经生成，如图 8–10 所示。

年会邀请函

尊敬的供应商 1 王波先生/女士：

ABCD 有限公司为感谢您的信任与关爱，我们敬邀并热切期盼与您共聚，乐享我公司举办的 2020 年年终总结及迎新年晚会。

时间：2021 年 1 月 11 日 19:00-21:00

地点：DEF 大酒店 999 贵宾厅

ABCD 公司全体员工诚挚期盼您的光临！

总经理：张三

2020 年 12 月 15 日

图 8-10　某供应商的邀请函内容

8.1.3　使用 Python 发送邮件

下面使用 Python 和 QQ 邮箱将所有的邀请函发送给客户，在发送邮件之前我们需要设置好 QQ 邮箱，让它可以支持使用编程语言发送邮件。

首先登录 QQ 邮箱，然后选择“设置”→“账户”，如图 8–11 所示。

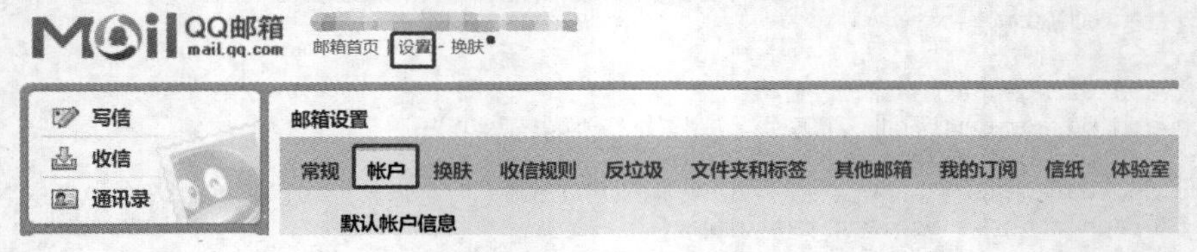

图 8-11　设置 QQ 邮箱

8.1.3.1　获取邮箱授权码

通过编程的方式发送邮件，需要获取 QQ 邮箱的授权码（其他邮箱也类似），在页面的中间可以看到 POP3/IMAP/SMTP 等服务的设置，在这里需要开启“POP3”和“SMTP”服务，单击“生成授权码”，如图 8–12 所示。

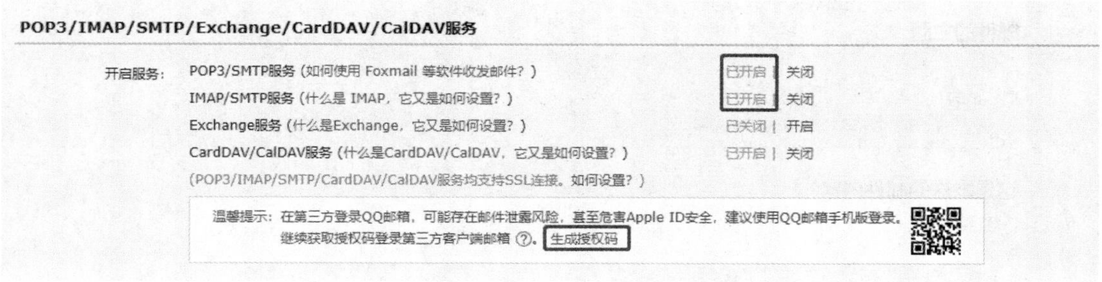

图 8-12　单击“生成授权码”

单击“生成授权码”之后会弹出“验证密保”对话框，用你绑定的手机发送短信到指定号码即可，如图 8–13 所示。

图 8-13　“验证密保”对话框

最后复制生成的授权码，供 Python 程序使用。

8.1.3.2　发送普通邮件

有了授权码之后就可以发送邮件了，下面发送一封普通邮件，代码如下。

```
import smtplib
from email.mime.text import MIMEText
mailserver = 'smtp.qq.com'           #邮箱服务器地址
sender = '你的邮箱地址'
password = '填写你获取到的邮箱授权码'    #使用授权码
receiver = '填写收件人的邮箱地址'       #多个邮箱用逗号分隔
mail = MIMEText('这是发送的邮件内容！')
mail['Subject'] = '邮件的主题'
mail['From'] = sender   #发件人
mail['To'] = receiver   #收件人
smtp = smtplib.SMTP(mailserver,port=25) # 连接邮箱服务器
smtp.login(sender,password)             # 登录邮箱
#使用 sendmail 发送邮件，3 个参数分别是发送者、接收者、邮件内容
smtp.sendmail(sender,receiver,mail.as_string())
smtp.quit() # 发送完毕后退出 SMTP
print('发送成功')
```

运行发送邮件代码，然后进入收件人的邮箱，可以看到收到了邮件，如图 8–14 所示。

邮件的主题 ☆
发件人
时 间:
收件人

这是发送的邮件内容！

图 8-14 收到普通邮件

8.1.3.3 发送附件邮件

普通邮件并不能实现将文件作为附件发送给多位朋友的功能，这个时候可以使用 Python 发送附件邮件，示例代码如下。

```
import smtplib
from email.mime.text import MIMEText
from email.mime.multipart import MIMEMultipart
from email.header import Header

sender = '发送方的邮箱'            # 发送方的邮箱地址
receivers = ['邮箱1','邮箱2']   # 多个收件人的邮箱地址用逗号分隔
password = '在这里填获取到的邮箱授权码'

#创建一个带附件的实例
message = MIMEMultipart()
mailserver = "smtp.qq.com"     #邮箱服务器地址
message['From'] = Header("编程胶囊", 'utf-8')
message['To'] =  Header("测试", 'utf-8')
subject = 'Python SMTP 邮件测试'
message['Subject'] = Header(subject, 'utf-8')
#邮件正文内容
message.attach(MIMEText('这是 Python 附件邮件发送测试……', 'plain', 'utf-8'))

# 构造附件 1 传送“chapter8”目录下的 test.txt 文件
att1 = MIMEText(open('chapter8/test.txt', 'rb').read(), 'base64', 'utf-8')
att1["Content-Type"] = 'application/octet-stream'
# 这里的 filename 可以任意写，写什么名字，邮件中就会显示什么名字
att1["Content-Disposition"] = 'attachment; \
filename="chapter8_test.txt"'
message.attach(att1)

try:
    smtp = smtplib.SMTP(mailserver,port=25) # 连接邮箱服务器，SMTP 服务器的端口号是 25
    smtp.login(sender,password)  # 登录邮箱
    smtp.sendmail(sender,receivers,message.as_string())
    print("邮件发送成功")
except smtplib.SMTPException:
    print("Error: 无法发送邮件")
```

运行代码，然后打开收件人的邮箱，可以看到一封带附件的邮件已经在收件箱中了，如图 8-15 所示。

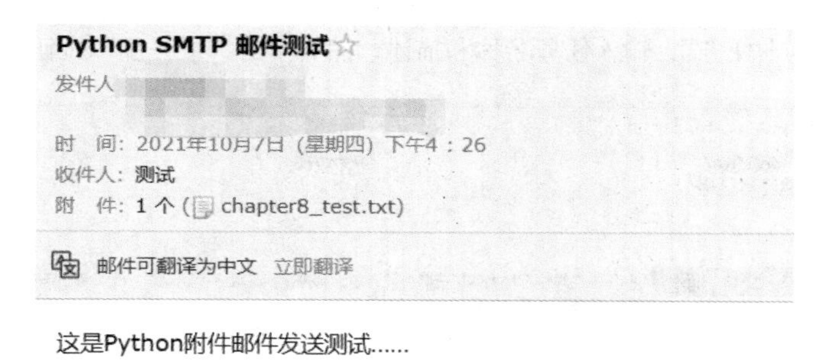

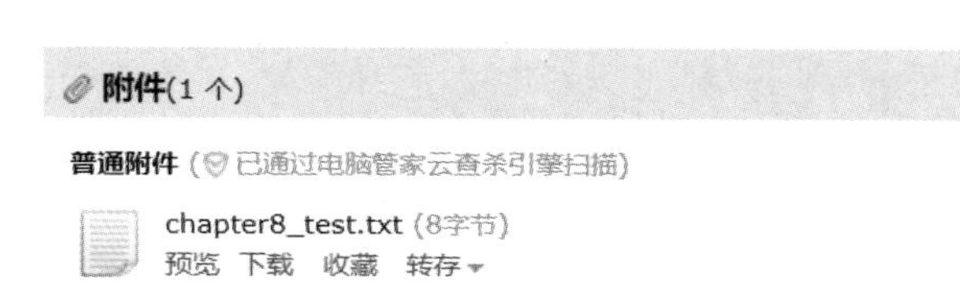

图 8-15　收到的有附件的邮件

8.1.3.4　定时发送邮件

现在公司的领导让你在明天上午 9 时 52 分将年会邀请函发送给公司所有的客户，如果通过设定闹钟来发邮件，那工作效率太低了。

现在我们已经知道如何使用 Python 发送有附件的邮件，公司领导的这个要求就可以通过定时执行 Python 任务来解决了。

在 Windows10 系统下要实现定时发送邮件，可以通过如下步骤。

（1）找到桌面上的“计算机”图标，右键单击并选择“管理”，打开“计算机管理”窗口，选择“任务计划程序”，如图 8–16 所示。

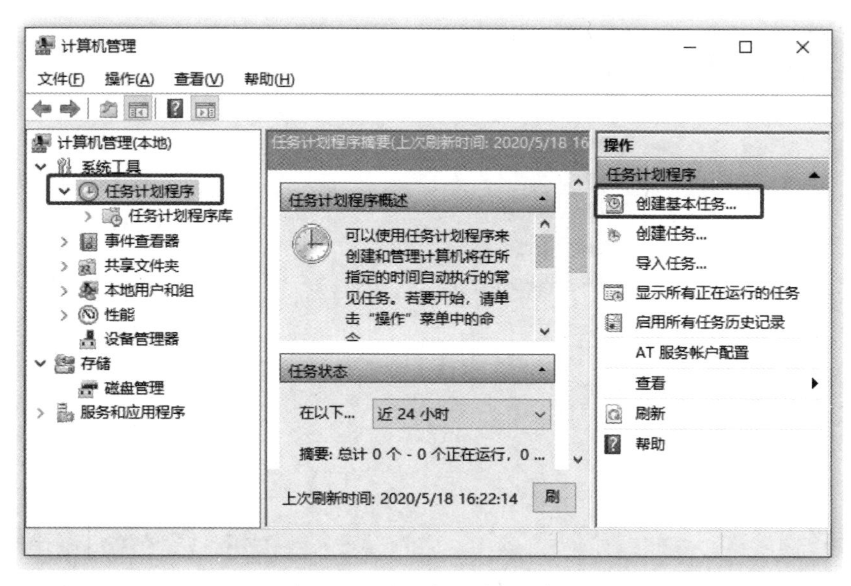

图 8-16　选择“任务计划程序”

（2）选择“创建基本任务”，输入任务名称和描述，然后单击“下一步”按钮，如图 8–17 所示。

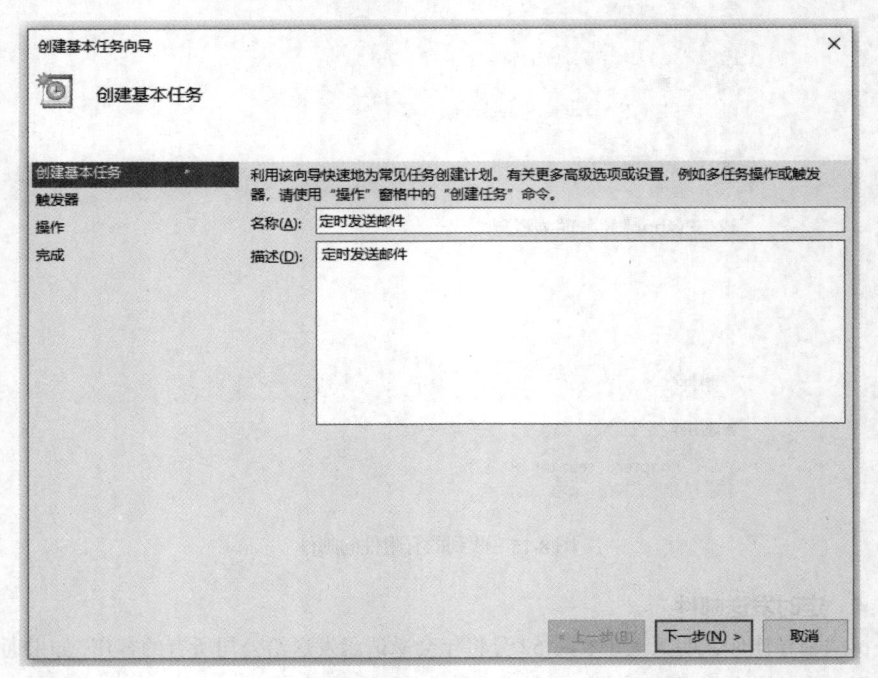

图 8-17　创建基本任务

（3）选择“触发器”→“一次”，然后单击“下一步”按钮，如图 8–18 所示。

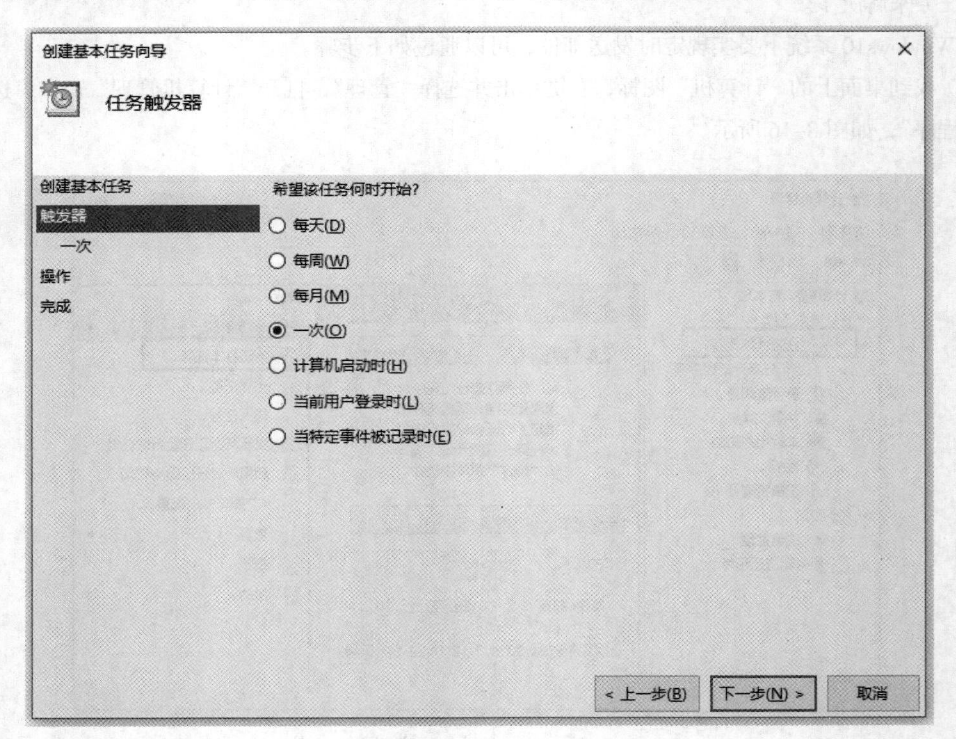

图 8-18　设置触发器

（4）选择开始时间，设置执行时间，单击“下一步”按钮，如图 8–19 所示。

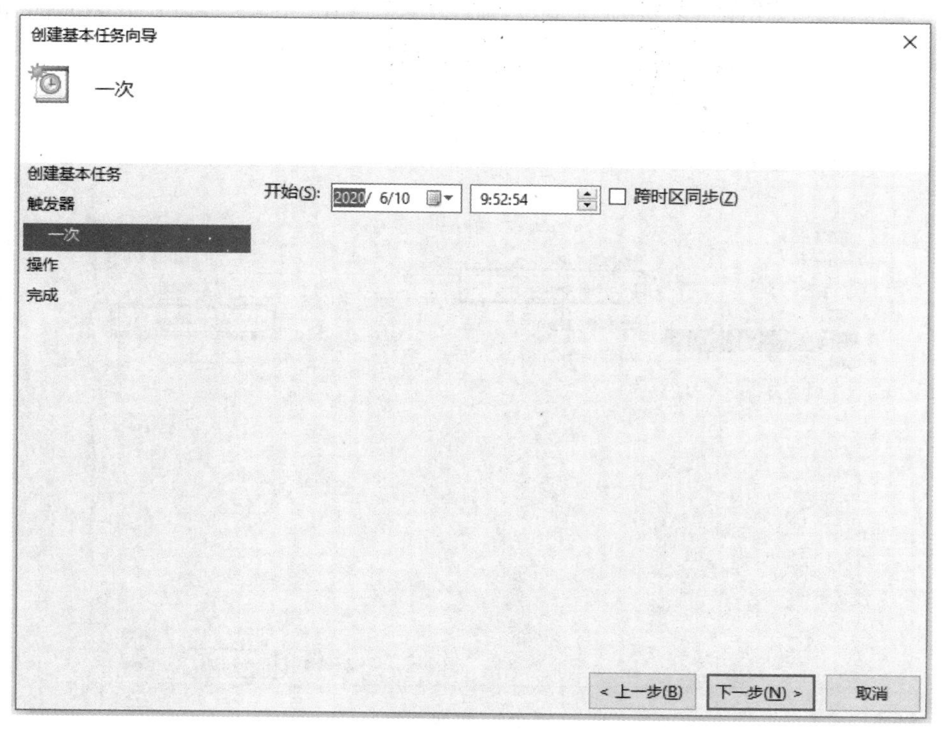

图 8-19　设置执行时间

（5）选择“操作”→“启动程序”，单击“下一步”按钮，如图 8–20 所示。

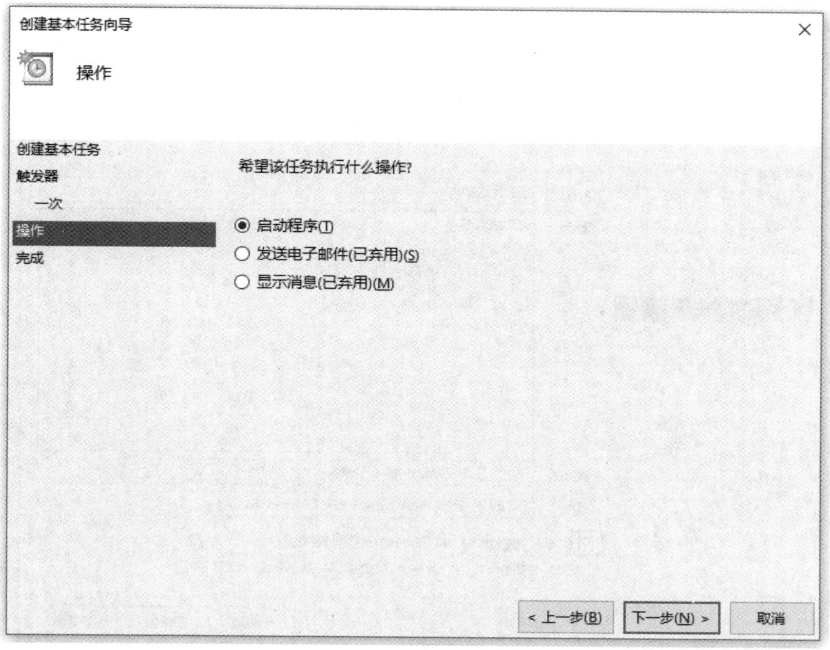

图 8-20　选择启动程序

（6）这一步有两个参数需要设置：①“程序或脚本”，文本框中填写 Python 程序安装路径；②“添加参数”，文本框中填写发送邮件的 Python 代码文件路径（本案例中两个参数分别为“D:\python\python.exe”和“D:\send_email.py”）。设置完成之后单击“下一步”按钮，如图 8-21 所示。

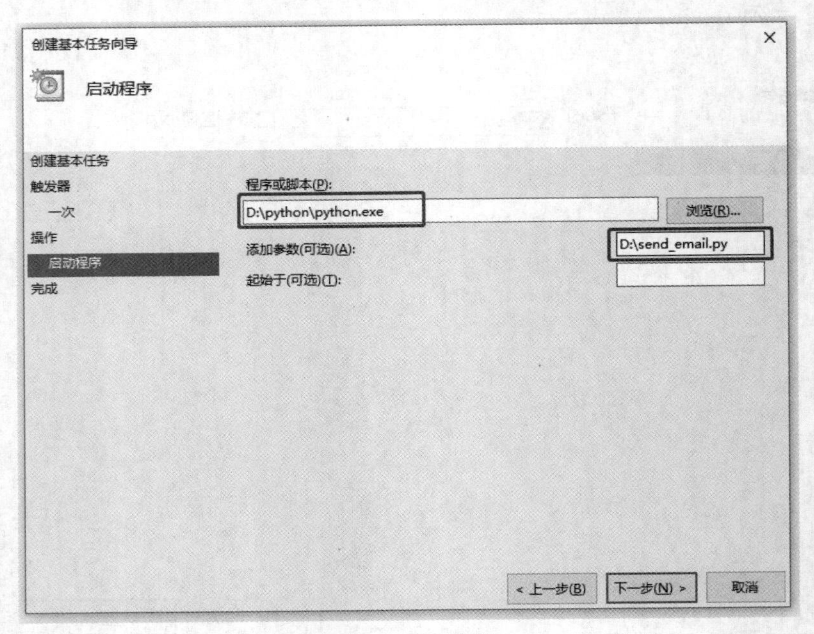

图 8-21　设置参数

（7）勾选图 8-22 所示的复选框，单击“完成”按钮，然后单击“确定”按钮就可以完成定时任务的设置。

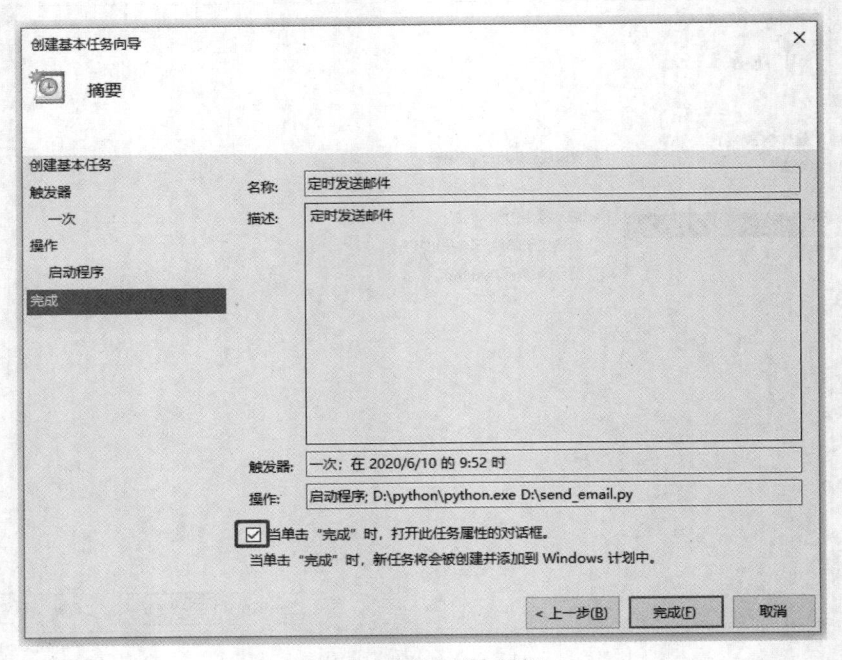

图 8-22　勾选相应复选框

（8）设置好“定时发送邮件”任务之后，我们需要测试它的功能是否正常。选择创建好的“定时发送邮件”任务并右键单击，选择“属性”选项，如图 8–23 所示。

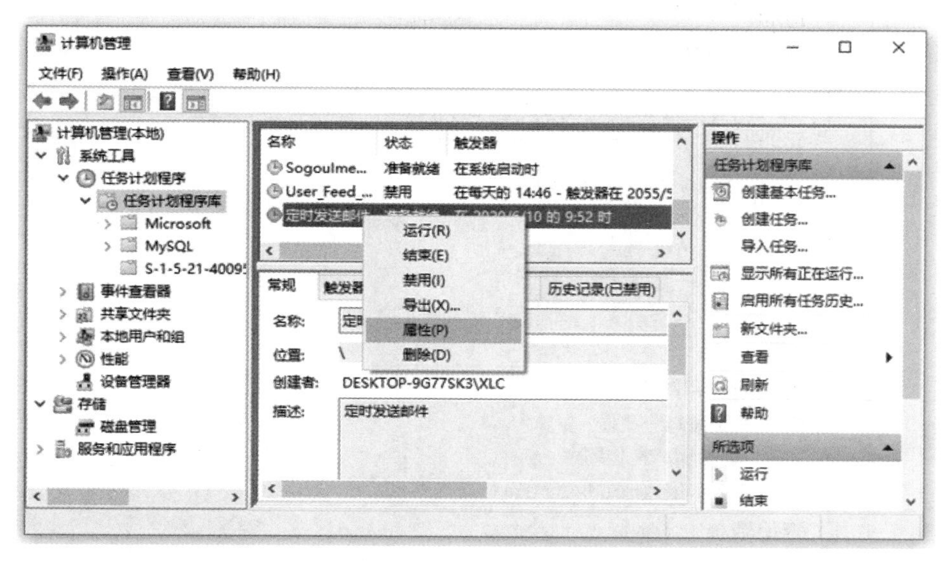

图 8-23　选择“属性”选项

（9）切换至“触发器”选项卡，单击“新建”按钮，如图 8–24 所示。

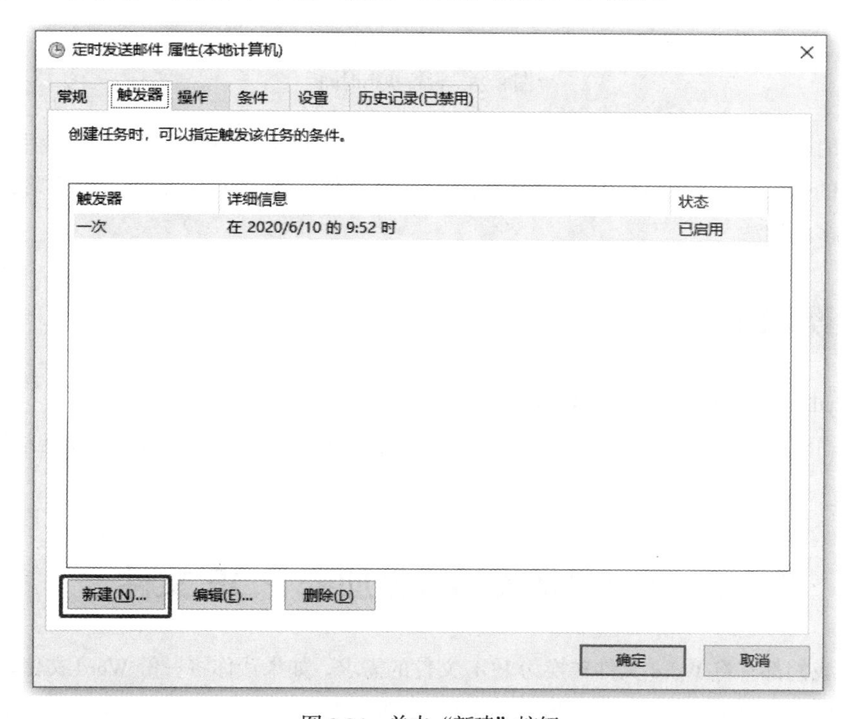

图 8-24　单击“新建”按钮

（10）假设当前时间是 10 点 9 分，设置一个比当前时间晚 1 分钟的触发器，如图 8–25 所示，单击“确定”按钮。然后等待 1 分钟，最后查看邮件是否发送成功。

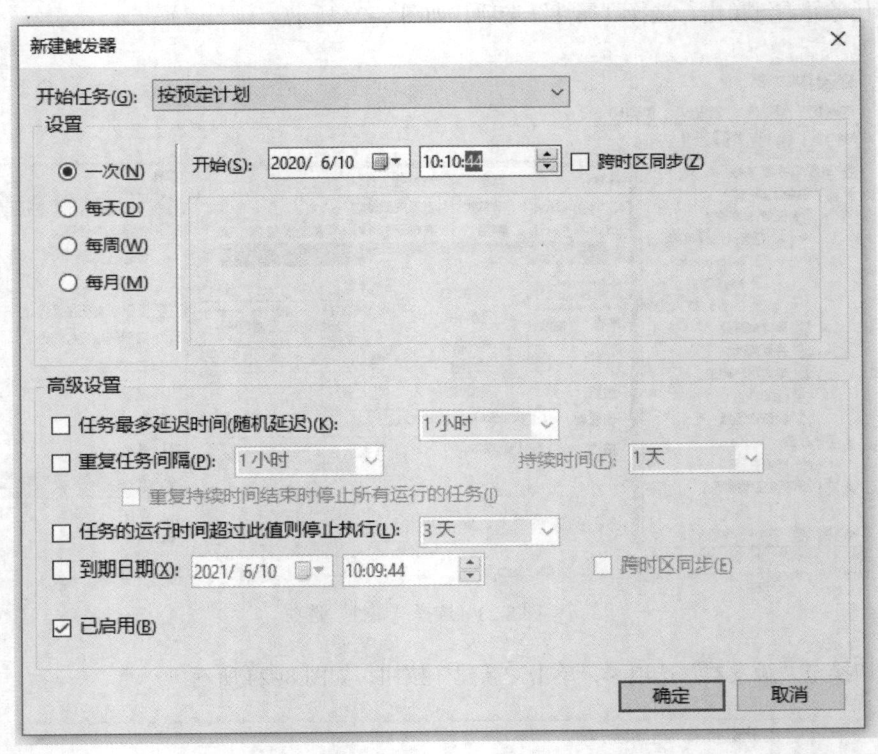

图 8-25　设置执行时间

学会了定时任务和使用 Python 发送邮件之后，我们可以做许多有趣的事情，例如使用爬虫获取购物网站商品打折的信息，如果商品打折或者降价就发送一封邮件来通知自己，也可以查机票、查火车票等，还可以探索很多的用法。

课后练习

1. 使用 Python 和 Word 编写一个 Python 知识点笔记。

2. 设置一个明天早上 6 点执行的定时任务，将知识点笔记作为邮件的附件批量发送给你的同学或者朋友。

任务 8.2　将 Word 文件批量转换为加密 PDF 文件

很多时候我们都有将 Word 文件转换为 PDF 文件的需求，如果让你将一份 Word 文件转换为 PDF 文件这肯定难不倒你，但是现在让你将 100 份 Word 文件都转换为 PDF 文件，然后对所有的 PDF 文件进行加密，相信你现在肯定不愿意一份一份地转换这些文件。

好在这个任务可以使用 Python 来完成。用 Python 可以很方便地将 Word 文件批量转换为 PDF 文件，并且还可以对它们进行加密。

8.2.1 将 Word 文件转换为 PDF 文件

将 Word 文件转换为 PDF 文件可以使用 pywin32 库。

在“命令提示符”窗口执行 pip install pywin32 即可安装 pywin32。

安装好之后在 D 盘的根目录下创建一个名为“python_practice”的文件夹，在该文件夹下创建一个名为“test.docx”的 Word 文件，并在 Word 文件中添加内容，也可以将任务 8.1 中的生成 Word 文件改名为“test.docx”，如图 8-26 所示。

此电脑 > D (D:) > python_practice

名称 修改日期

test.docx 2020/6/11 16:12

图 8-26 创建待转换的 Word 文档

接下来运行以下代码即可将 Word 文件转换为 PDF 文件。

```
from win32com.client import gencache
from win32com.client import constants, gencache

def createPdf(wordPath, pdfPath):
    """
    Word 文件转 PDF 文件
    :param wordPath: Word 文件路径
    :param pdfPath:  生成 PDF 文件路径
    """
    word = gencache.EnsureDispatch('Word.Application')
    doc = word.Documents.Open(wordPath, ReadOnly=1)
    doc.ExportAsFixedFormat(pdfPath,
                            constants.wdExportFormatPDF,
                            Item=constants.wdExportDocumentWithMarkup,
                            CreateBookmarks=constants.\
                            wdExportCreateHeadingBookmarks)
    word.Quit(constants.wdDoNotSaveChanges)

#在这里使用绝对路径，上级目录与下级目录之间使用两个反斜线（\\）
doc_name = 'D:\\python_practice\\test.docx'
pdf_name = 'D:\\python_practice\\test.pdf'
createPdf(doc_name,pdf_name)
```

运行代码可以看到 D 盘根目录下的“python_practice”文件夹中出现了“test.pdf”文件，如图 8-27 所示。

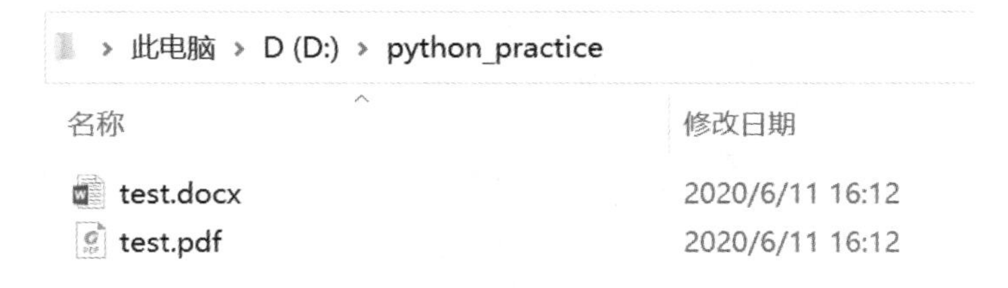

图 8-27 将 Word 文件转换为 PDF 文件

打开“test.pdf”文件可以看到其中的内容与 Word 文件中相同。

8.2.2 批量转换 Word 文件

要想提高效率，还需要批量地将某个文件夹下的 Word 文件转换为 PDF 文件。要完成这项工作，可以利用循环语句。

首先我们可以在 D 盘的根目录下创建一个名为“python_practice_word”的文件夹，然后放入 Word 文件以供测试，如图 8-28 所示。

名称	修改日期	类型	大小
邀请函_addBold.docx	2020/6/4 20:59	Microsoft Word ...	36 KB
邀请函_addChinese.docx	2020/6/4 21:26	Microsoft Word ...	36 KB
邀请函_addInches.docx	2020/6/4 20:52	Microsoft Word ...	36 KB
邀请函_addText.docx	2020/6/4 20:42	Microsoft Word ...	36 KB
邀请函_fin.docx	2020/6/8 12:07	Microsoft Word ...	37 KB

此电脑 › D (D:) › python_practice_word

图 8-28 创建文件夹并放入 Word 文件

接下来在 D 盘下创建一个名为“python_practice_pdf”的文件夹，用于存放转换之后的 PDF 文件。

创建好这两个文件夹之后，分为两个步骤即可实现批量转换。

（1）读取“python_practice_word”文件夹下的所有 Word 文件。

（2）使用循环语句将这些 Word 文件转换为 PDF 文件。

8.2.2.1 读取文件夹下的所有文件

要读取“python_practice_word”文件夹下的所有 Word 文件，需要使用 os 模块，通过 os 模块的 listdir() 函数即可读取所有的文件。

```
import os
docDirPath = 'D:\\python_practice_word'
fileList = os.listdir(docDirPath)#获取“docDirPath”文件夹下的所有文件
print(fileList)
```

运行结果如下。

```
['邀请函_addBold.docx', '邀请函_addChinese.docx', '邀请函_addInches.docx', '邀请函_addText.docx', '邀请函_fin.docx']
```

8.2.2.2 使用循环批量转换 Word 文件

读取到文件夹中所有的文件之后，就可以批量地对 Word 文件进行转换。完整代码如下。

```
from win32com.client import gencache
from win32com.client import constants, gencache
def createPdf(wordPath, pdfPath):
    """
    Word 文件转 PDF 文件
    :param wordPath:  Word 文件路径
    :param pdfPath:  生成 PDF 文件路径
    """
    word = gencache.EnsureDispatch('Word.Application')
    doc = word.Documents.Open(wordPath, ReadOnly=1)
    doc.ExportAsFixedFormat(pdfPath,
                            constants.wdExportFormatPDF,
                            Item=constants.wdExportDocumentWithMarkup,
                            CreateBookmarks=constants.wdExportCreateHeadingBookmarks)
    word.Quit(constants.wdDoNotSaveChanges)
```

```
import os
def batchConvert(wordDirPath,pdfDirPath):
    fileList = os.listdir(wordDirPath) #获取文件夹中所有文件列表
    # 批量转换
    for filename in fileList:
        # 生成pdf文件名
        lastIndex = filename.rfind('.')       # 获取扩展名的位置
        pdfFile = filename[:lastIndex+1] + "pdf" #生成PDF文件名
        createPdf(wordDirPath + "\\" + filename, pdfDirPath + "\\" + pdfFile)   #调用转换函数

docDirPath = 'D:\\python_practice_word'      # Word文件目录
pdfDirPath = 'D:\\python_practice_pdf'       # PDF文件目录

batchConvert(docDirPath,pdfDirPath)          # 调用批量转换函数
```

运行代码可以看到“python_practice_pdf”文件夹下生成了多个 PDF 文件，如图 8-29 所示。

› 此电脑 › D (D:) › python_practice_pdf

名称	修改日期	类型	大小
邀请函_addBold.pdf	2020/6/12 9:43	Foxit Reader PD...	54 KB
邀请函_addChinese.pdf	2020/6/12 9:43	Foxit Reader PD...	36 KB
邀请函_addInches.pdf	2020/6/12 9:43	Foxit Reader PD...	54 KB
邀请函_addText.pdf	2020/6/12 9:43	Foxit Reader PD...	36 KB
邀请函_fin.pdf	2020/6/12 9:43	Foxit Reader PD...	57 KB

图 8-29　Word 文件批量转换为 PDF 文件

8.2.3　PDF 文件加密

有时候，出于安全考虑，我们想要将 PDF 文件加密。这个时候可以利用加密功能为 PDF 文件设置密码。不过如果生成了很多个 PDF 文件，一个一个地加密 PDF 文件将费时费力。这种重复、烦琐的事交给 Python 来做，它会不辱使命的。

要对 PDF 文件进行加密操作，需要安装 pyPDF2 这个函数库，在“命令提示符”窗口执行命令 pip install pyPDF2 即可。

8.2.3.1　对一个 PDF 文件进行加密

首先我们来尝试对一个 PDF 文件进行加密操作，在 D 盘根目录下创建一个名为“python_pdf_secret”的文件夹，在其中放入一个名为“test.pdf”的文件。

然后编写如下代码。

```
from PyPDF2 import PdfFileWriter,PdfFileReader

with open('D:\\python_pdf_secret\\test.pdf','rb') as pdf_obj:
    pdf_reader=PdfFileReader(pdf_obj)   # 读取要加密的文件
    pdf_writer=PdfFileWriter()
    # 将每一页的数据写入pdf_writer 对象
    for page_num in range(pdf_reader.numPages):
    # pdf_reader.numPages 为PDF文件的总页数
         page_obj=pdf_reader.getPage(page_num)
         pdf_writer.addPage(page_obj)
      pdf_writer.encrypt('123') # 加密,将密码设为“123”

pdf_output_file=open('D:\\python_pdf_secret\\test_sec.pdf','wb')
      pdf_writer.write(pdf_output_file)
      pdf_output_file.close()
```

上述代码首先导入 PyPDF2 模块，然后以读二进制的方式打开“test.pdf”文件，并将二进制数据保存至 pdf_reader 中，接下来循环读取 pdf_reader 中的内容，并使用 addPage()函数将读取的内容写入 pdf-writer，然后调用 encrypt()函数对 pdf_writer 进行加密操作，最后将加密的 pdf_writer 保存为“test_sec.pdf”，即完成了对 PDF 文件加密的工作。

运行这段代码可以看到，“python_pdf_secret”文件夹中生成了一个名为“test_sec.pdf”的文件，打开该文件则会弹出“密码”窗口提示你输入密码，如图 8-30 所示。

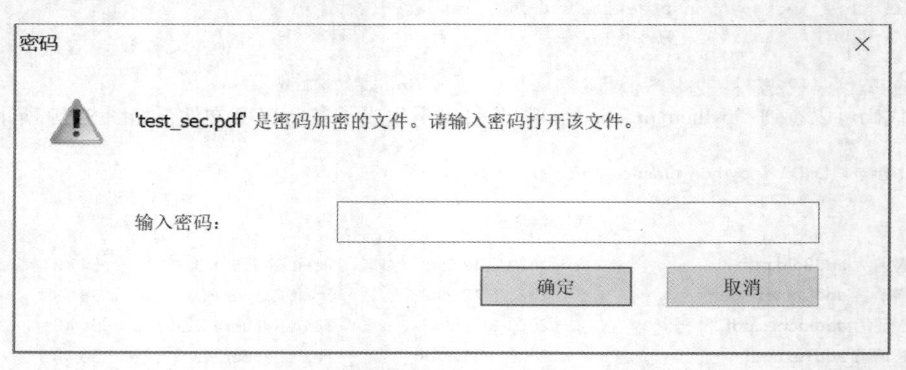

图 8-30 “密码”窗口

8.2.3.2 PDF 文件批量加密

掌握了如何对一个 PDF 文件进行加密后，要对 PDF 文件批量进行加密只需要以下两个步骤。

（1）读取目标文件夹下的所有文件。

（2）使用循环操作对每一个文件进行加密。

编写代码如下。

```
from PyPDF2 import PdfFileWriter,PdfFileReader
import os

def batchConvert(pdfDirPath,outputPath):
    fileList = os.listdir(pdfDirPath) # 获取文件夹下的所有文件
    # 批量转换
    for filename in fileList:
        with open(pdfDirPath + "\\" + filename,'rb') as pdf_obj:
            pdf_reader = PdfFileReader(pdf_obj)
            pdf_writer = PdfFileWriter()
            # 将每一页的数据写入 pdf_writer 对象
            for page_num in range(pdf_reader.numPages):
                page_obj = pdf_reader.getPage(page_num)
                pdf_writer.addPage(page_obj)
            pdf_writer.encrypt('123') # 加密,将密码设为“123”
            lastIndex = filename.rfind('.')  # 获取扩展名的位置
            secretFile = filename[:lastIndex] + "_sec.pdf"

 # 保存加密文件并以二进制的方式写入，将保留原 PDF 文件中的所有信息
            pdf_output_file=open(outputPath + "\\" + \  secretFile,'wb') # outputPath + "\\" +
secretFile 为加密文件的保存路径
            pdf_writer.write(pdf_output_file)
            pdf_output_file.close()

pdfDirPath = 'D:\\python_practice_pdf' # 待加密的 PDF 文件夹
outputPath = 'D:\\python_pdf_secret'  # 加密后的输出文件夹

batchConvert(pdfDirPath,outputPath)
```

运行代码，然后打开“python_pdf_secret”文件夹可以看到所有的 PDF 加密文件已经生成，如图 8-31 所示。

› 此电脑 › D (D:) › python_pdf_secret

名称	修改日期	类型	大小
邀请函_addBold_sec.pdf	2020/6/12 11:13	Foxit Reader PD...	50 KB
邀请函_addChinese_sec.pdf	2020/6/12 11:13	Foxit Reader PD...	32 KB
邀请函_addInches_sec.pdf	2020/6/12 11:13	Foxit Reader PD...	50 KB
邀请函_addText_sec.pdf	2020/6/12 11:13	Foxit Reader PD...	32 KB
邀请函_fin_sec.pdf	2020/6/12 11:13	Foxit Reader PD...	53 KB

图 8-31　加密后的 PDF 文件

课后练习

将任务 8.1 中发送给公司客户的邀请函文件全部转换成加密 PDF 文件，然后通过邮件批量发送给客户。

任务 8.3　批量提取 PDF 文件中的文本数据

很多时候我们从网络上获取的资料都是 PDF 格式的，PDF 文件有很多优点，例如文件体积小、方便网络传输、格式统一且不会因为其他因素导致排版和样式发生变化。

但是如果要对 PDF 文件中的数据进行编辑，或者要直接复制文件中的文本内容粘贴至其他文件中就很麻烦了。

而使用 Python 可以很方便地提取 PDF 文件中的内容，Python 中用于处理 PDF 的模块是 pdfplumber，在“命令提示符”窗口执行命令 pip install pdfplumber 即可安装。

pyPDF2 也可以提取 PDF 文件中的文本，不过使用 pyPDF2 提取中文的时候可能会产生乱码，所以我们在这里使用 pdfplumber。

8.3.1　从 PDF 文件中提取文本数据

首先我们在 D 盘根目录下创建一个名为“test.pdf”的 PDF 文件，在该 PDF 文件中写入邀请函的数据，也可以直接将任务 8.2.1 中生成的“test.pdf”文件直接复制到 D 盘根目录下，如图 8–32 所示。

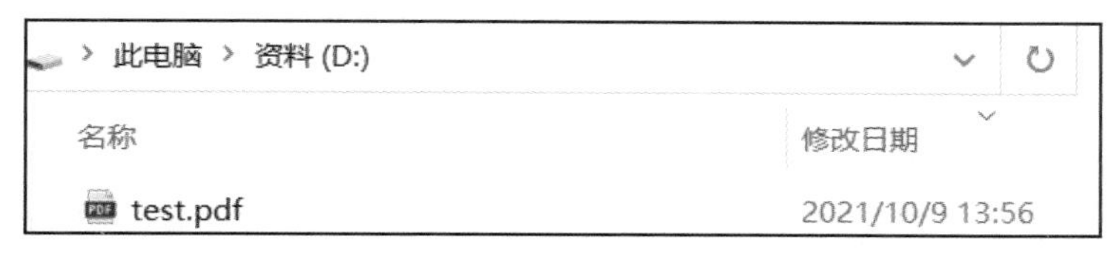

图 8-32　准备 PDF 文件

接下来使用 pdfplumber 获取 PDF 文件中的文本数据，代码如下。

```
import pdfplumber
pdf = pdfplumber.open('D:\\test.pdf')
page = pdf.pages[0]      # 获取第一页的数据
text = page.extract_text()
print(text)
pdf.close()
```

运行结果如下。

```
年会邀请函
尊敬的供应商 1 王波先生/女士:
ABCD 有限公司为感谢您的责任与关爱，我们敬邀并热切盼望与您共聚，乐享我公司举办的 2020 年年终总结与迎新年晚会。
时间：2021 年 1 月 11 日 19:00-21:00
地点：DEF 大酒店 999 贵宾厅
ABCD 公司全体员工成之期盼您的光临！
总经理：张三
2020 年 12 月 15 日
```

使用 pdfplumber 模块的 page.extract_text( )函数可以非常方便地读取 PDF 文件中的内容，不过在这个例子中我们只能获取一页的数据，如果一个 PDF 文件有多页数据，则可以使用如下代码。

```
import pdfplumber
pdf = pdfplumber.open('D:\\test.pdf')

text = ''
for page_num in range(0,len(pdf.pages)):
    page = pdf.pages[page_num]
    text = text + page.extract_text()

print(text)
pdf.close()
```

使用 len(pdf.pages)函数可以获取 PDF 文件的总页数，这样就可以通过循环将 PDF 文件中的内容全部提取出来。

8.3.2 批量读取 PDF 文件中的文本

要想提高效率还需要批量提取数据，接下来我们以 8.2.2 小节中生成的 PDF 文件为例，提取 D 盘下“python_practice_pdf”文件夹中所有的 PDF 文件中的内容，并将文本保存到 D 盘下的“pdf_text”文件夹（需要提前创建该文件夹）下，如图 8-33 所示。

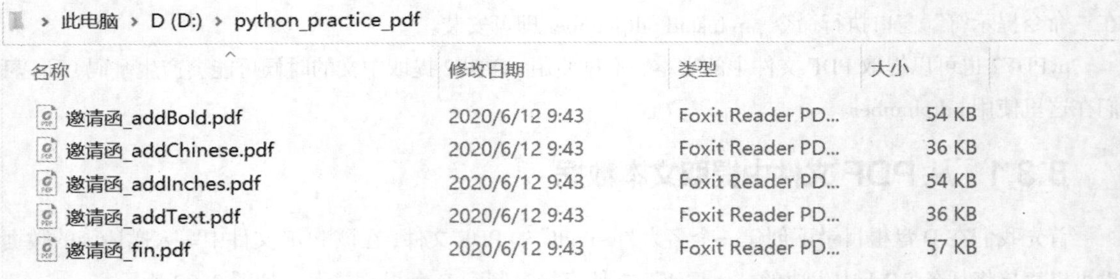

› 此电脑 › D (D:) › python_practice_pdf

名称	修改日期	类型	大小
邀请函_addBold.pdf	2020/6/12 9:43	Foxit Reader PD...	54 KB
邀请函_addChinese.pdf	2020/6/12 9:43	Foxit Reader PD...	36 KB
邀请函_addInches.pdf	2020/6/12 9:43	Foxit Reader PD...	54 KB
邀请函_addText.pdf	2020/6/12 9:43	Foxit Reader PD...	36 KB
邀请函_fin.pdf	2020/6/12 9:43	Foxit Reader PD...	57 KB

图 8-33 “python_practice_pdf”文件夹中的 PDF 文件

编写代码如下。

```
import pdfplumber
import os
# 读取 PDF 中的文本
def pdf2text(filePath):
    pdf = pdfplumber.open(filePath)
    text = ''
    for page_num in range(0,len(pdf.pages)):
        page = pdf.pages[page_num]
        text = text + page.extract_text()
    pdf.close()
    return text
# 批量解析 PDF 文件，生成 TXT 文件
def batchConvertPDF(pdfDirPath,textDirPath):
```

```
    fileList = os.listdir(pdfDirPath) # 获取文件夹中所有文件列表
    # 批量转换
    for filename in fileList:
        # 生成 PDF 文件名
        text = pdf2text(pdfDirPath + "\\" + filename)
        filename = filename[:filename.rfind('.')] #截取文件前缀
        # 将 text 保存为 TXT 文件
        with open(textDirPath + "\\" + filename + "_text.txt",'w') as textFile:
            textFile.write(text)

pdfDirPath = 'D:\\python_practice_pdf'       # PDF 文件目录
textDirPath = 'D:\\pdf_text'                 # TXT 文件目录

batchConvertPDF(pdfDirPath,textDirPath)      #调用转换方法
```

运行代码，可以发现 D 盘下已经生成了对应的 TXT 文件，如图 8-34 所示。

› 此电脑 › D (D:) › pdf_text

名称	修改日期	类型	大小
邀请函_addBold_text.txt	2020/6/16 14:35	文本文档	1 KB
邀请函_addChinese_text.txt	2020/6/16 14:35	文本文档	1 KB
邀请函_addInches_text.txt	2020/6/16 14:35	文本文档	1 KB
邀请函_addText_text.txt	2020/6/16 14:35	文本文档	1 KB
邀请函_fin_text.txt	2020/6/16 14:35	文本文档	1 KB

图 8-34　PDF 批量转换为 TXT 文件

课后练习

找一本你喜欢的电子书（PDF 格式的），尝试提取其中的所有文本数据，并将文本数据保存至 TXT 文件中。

项目小结

在本项目中我们总共完成了 3 个程序。

1. 批量制作并发送年会邀请函。
2. 将 Word 文件批量转换为加密 PDF 文件。
3. 批量提取 PDF 文件中的文本数据。

通过完成这 3 个程序，相信你已掌握了用 Python 处理 Word 与 PDF 文件的知识，具体如下。

1. 使用 Python 生成 Word 文件，并且向 Word 文件中添加数据。
2. 使用 Python 发送邮件。
3. 将 Word 文件转换为 PDF 文件。
4. 批量对 PDF 文件进行加密。
5. 从 PDF 文件中提取文本数据，并保存为 TXT 文件。

项目习题

1. 公司领导需要你将 10 份邀请函全都整合成一个 Word 文件进行输出。

2. 有 10 份封面相同的 PDF 文件，需要你将它们合并为一个 PDF 文件，并且只保留一份封面，将其他的封面都删除。

注意 习题中包含的一些知识点是本书没有涉及的，但是按照批量处理的思路，相信你肯定能找到解决方案！

项目九
图像处理——使用 Python 处理图像

项目要点

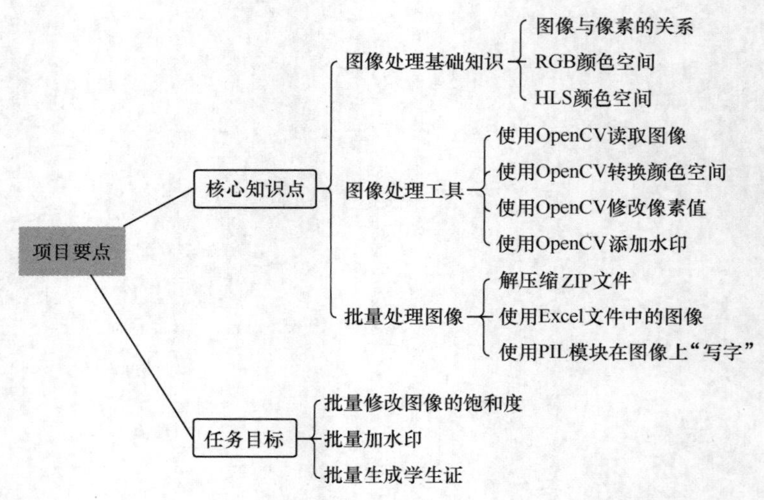

在日常生活、学习、工作中经常会接触到一种数据——图像。图像可以记录生命中比较难忘的、美好的时刻，我们在拍下一张图像后经常会想要“修图”，让图像变得更加好看。

说到修图，可能大部分人会想到 Photoshop（PS）或者其他比较流行的手机修图软件。这些软件都能很好地处理图像，不过如果我们的需求是批量地处理多张图像，例如对于批量修改多张图像的亮度和饱和度这类需求，使用通用的修图软件就不太合适了。好在使用 Python 也可以轻松处理图像，特别是需要对多张图像进行相同的处理时，使用 Python 能提高我们的工作效率。

本项目将带领你学习如何编写 Python 程序，让程序自动批量处理图像。

任务 9.1　做好准备工作

在进行图像处理之前，我们需要做两项准备工作。

（1）了解与图像相关的基础知识。

（2）安装专门用于处理图像的 Python 模块。

9.1.1　基础知识

9.1.1.1　图像与像素

图像是人对视觉感知的物质的再现。图像可以来自光学设备，例如照相机、镜子、望远镜和显微镜等；也可以来自人为创作，例如手工绘画。图像可以记录、保存在纸质介质、胶片等对光信号敏感的介质上。随着数字采集技术和信号处理理论的发展，越来越多的图像以数字形式存储。因而，通常情况下

“图像”一词实际上是指数字图像。

数字图像是由矩阵组成的，矩阵中的元素就是像素。像素可以看成图像上的一个点或者一个小方块。若将图像放大，可以看到图像中出现了很多小方块，这些小方块其实就是像素。每个像素都是有值的，一般情况下，像素值的值域是 0 ~ 255。值越小代表像素越暗，值越大代表像素越亮。黑白图像与像素的关系如图 9-1 所示。

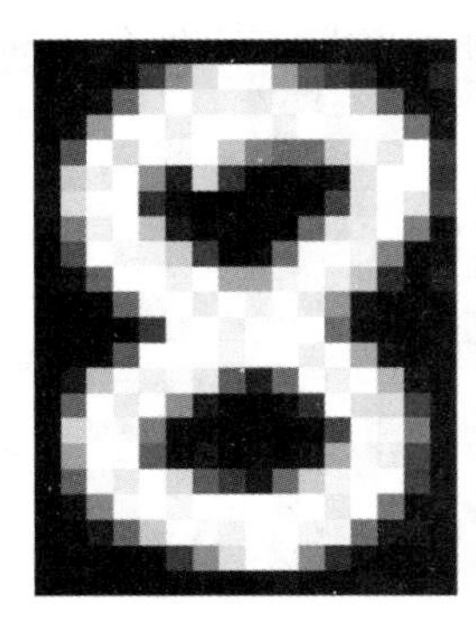

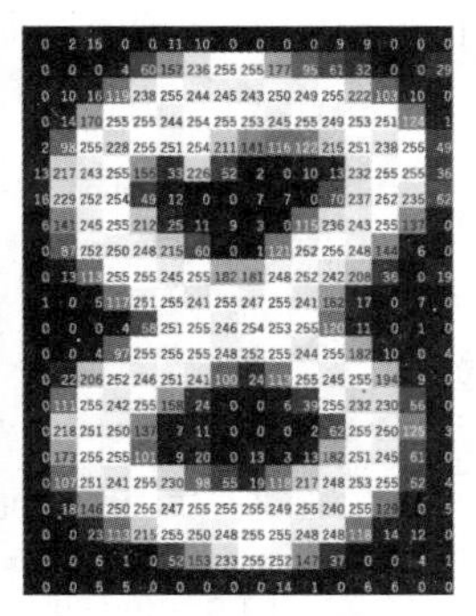

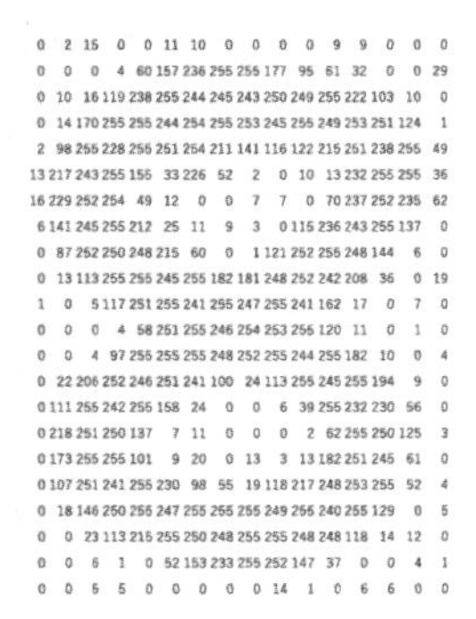

图 9-1　黑白图像与像素的关系

9.1.1.2　颜色空间

像素只能表示亮与不亮，那怎么表示颜色呢？这就需要提到颜色空间这个概念。颜色空间也称色彩模型，它的用途是在某些标准下用通常可接受的方式对色彩加以说明。通俗地说，颜色空间就是用像素表示颜色的方法论。颜色空间的种类有很多，常见的有 RGB、HLS 等。

RGB 颜色空间是工业界的一种颜色标准，是通过红（Red，R）、绿（Green，G）、蓝（Blue，B）这 3 个颜色通道的变化以及它们的叠加来得到各式各样的颜色，这个标准能表示的颜色包括了人类所能感知的所有颜色，是运用广泛的颜色空间之一。这里提到的颜色通道，可以理解为由像素组成的矩阵。因此，在 RGB 颜色空间中，图像是由 3 个像素矩阵叠加而成的。

（1）红：数值范围为 0 ~ 255，表示颜色的红色成分。

（2）绿：数值范围为 0 ~ 255，表示颜色的绿色成分。

（3）蓝：数值范围为 0 ~ 255，表示颜色的蓝色成分。

如图 9-2 所示，金鱼背部的颜色偏红，所以金鱼背部红色通道比其他两个通道更亮。

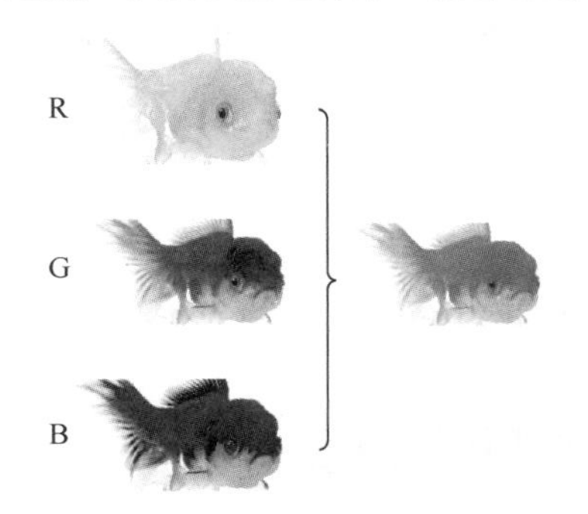

图 9-2　金鱼红色通道更亮

RGB 颜色空间的思想是用 3 种颜色叠加合成各种各样的颜色，而 HLS 颜色空间则是用色相（Hue，H）、亮度（Lightness，L）、饱和度（Saturation，S）这 3 个颜色通道的变化以及它们相互之间的叠加来得到各式各样的颜色。

（1）色相：色彩的基本属性，就是平常所说的颜色名称，例如红色、黄色等。

（2）饱和度：色彩的纯度，值越高色彩越纯，值越低则逐渐变灰，取值范围为[0,100]。

（3）亮度：指明亮程度，取值范围为[0,100]。

HLS 颜色空间可以看成一个圆柱，圆柱中的每个点都能表示一种颜色。该圆柱的高度代表亮度（Lightness），绕着圆柱中心轴的角度代表色相（Hue），点到中心轴的距离代表饱和度（Saturation），如图 9-3 所示。

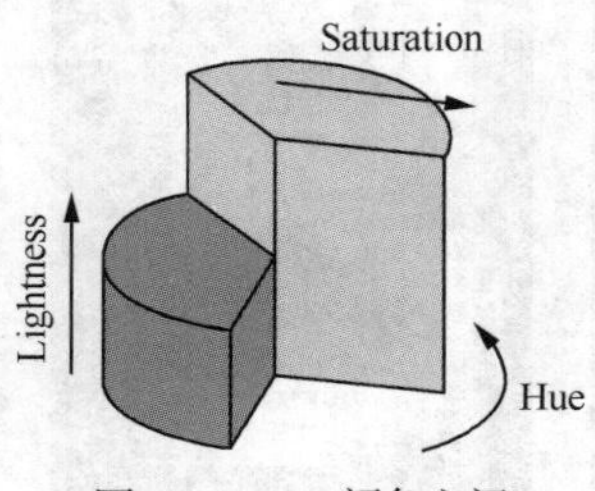

图 9-3　HLS 颜色空间

那一般用哪种颜色空间来表示颜色更好呢？其实要根据具体应用场景来判断。如果你对三原色比较熟悉，那么 RGB 颜色空间可能是一个好的选择。若你想对某种颜色的物体进行跟踪，那么 HLS 颜色空间会让你事半功倍。

9.1.2 安装 OpenCV

Python 提供了操作图像的“利器”——OpenCV 模块，该模块包含了很多图像处理的函数。因此，在尝试使用 Python 处理图像之前，需要安装 OpenCV 模块。

与其他第三方模块一样，只需要在“命令提示符”窗口执行命令 pip install opencv-python 即可在线安装。若看到“Successfully installed opencv-python”即说明安装成功。OpenCV 安装成功界面如图 9-4 所示。

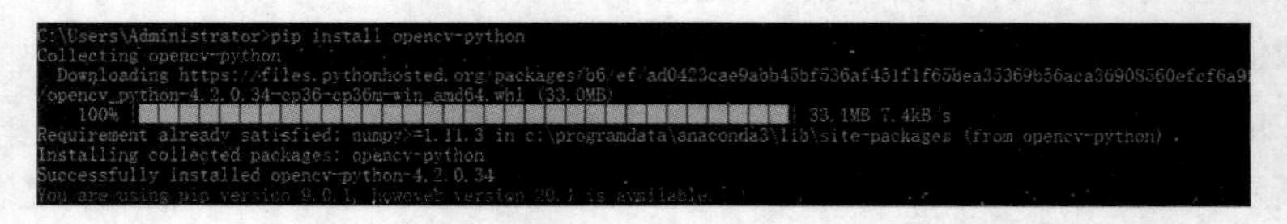

图 9-4　OpenCV 安装成功界面

课后练习

请计算出长 200、宽 300 的 RGB 图像中包含了多少个像素。

任务 9.2　批量修改图像的饱和度

小鹏外出采风时拍摄了很多照片，但这些照片的颜色不是很鲜艳。照片样本如图 9-5 所示，部分照片文件如图 9-6 所示。

图 9-5　照片样本

1.jpg　2.jpg
3.jpg　4.jpg
5.jpg　6.jpg
7.jpg　8.jpg
9.jpg　10.jpg
11.jpg　12.jpg
13.jpg　14.jpg
15.jpg　16.jpg

图 9-6　部分照片文件

小鹏知道想要让照片的颜色更加鲜艳，就需要提高照片的饱和度。但由于照片太多，全部调完可能需要比较长的时间。请你使用 Python 编写能够批量调整照片饱和度的程序来帮助小鹏快速完成这项工作。

9.2.1 读取照片

在修改照片的饱和度之前，首先需要读取照片的数据。此时可以使用 OpenCV 模块提供的 imread() 函数。读取照片的示例代码如下。

```
#导入 OpenCV 模块
import cv2

#打开文件名为“data.xlsx”的 Excel 文件
image = cv2.imread('test.jpg')
```

注意

imread()函数会返回图像对象，该对象可以看成图像本身。

9.2.2 转换颜色空间

我们的目的是提高照片的饱和度，而提高饱和度的前提是图像的颜色空间是 HLS。但由于 imread()函数读取照片时所得到的图像的颜色空间是 BGR，所以需要将图像从 BGR 颜色空间转换成 HLS 颜色空间。

> **注意**　BGR 颜色空间与 RGB 颜色空间类似，区别在于通道的顺序相反，即 BGR 的颜色空间是蓝、绿、红。

OpenCV 提供的 cvtColor()函数能够很方便地实现颜色空间的转换。将颜色空间从 BGR 转换成 HLS 的示例代码如下。

```
#cv2.COLOR_BGR2HSL 表示将 BGR 转换成 HLS
hlsImg = cv2.cvtColor(image, cv2.COLOR_BGR2HLS)
```

9.2.3　提高照片的饱和度

在尝试提高图像的饱和度之前，先要弄明白 9.2.2 小节的示例代码中变量 hlsImg 的结构。hlsImg 其实是一个三维数组，可以将其视为一个长方体，如图 9–7 所示。长方体有 3 个轴，0 号轴、1 号轴和 2 号轴分别表示图像的高、宽和通道。沿着 2 号轴的指向可以看出有 3 个通道，这 3 个通道分别代表图像的色相、亮度和饱和度。为了更加直观，3 个通道已用不同的 3 种颜色表示。每个通道上的方格表示对应通道上的像素点。

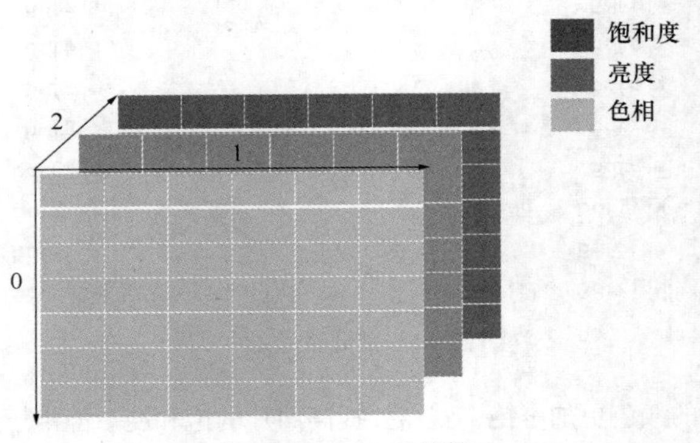

图 9-7　hslImg 的结构

因此，只需要提高代表饱和度的通道上的像素值，就能提高照片的饱和度。假设想要将照片的饱和度提高 3 倍，则可以编写如下代码。

```
#2 表示饱和度通道
for i in range(len(hlsImg)):
    for j in range(len(hlsImg[0])):
        hlsImg[i][j][2] *= 3
```

提高了照片的饱和度之后，有可能会使得饱和度大于 100（饱和度的值域是[0,100]），所以需要遍历照片中饱和度通道中的像素，如果像素值大于 100，就需要将其重新赋值为 100。修改后的代码如下。

```
#2 表示饱和度通道
for i in range(len(hlsImg)):
    for j in range(len(hlsImg[0])):
        hlsImg[i][j][2] *= 3
        if hlsImg[i][j][2] > 100:
            hlsImg[i][j][2] = 100
```

9.2.4　保存修改后的照片

修改完饱和度之后，需要保存修改后的照片。但在保存之前，需要先将图像的颜色空间从 HLS 转换成 BGR。这是因为保存照片时，需要采用 BGR 颜色空间。所以具体代码如下。

```
dstImg = cv2.cvtColor(hlsImg, cv2.COLOR_HLS2BGR)
```

接下来，可以调用 OpenCV 提供的 imwrite()函数来保存照片。该函数接收两个参数，第一个参数是保存照片的路径，第二个参数是需要保存的图像。假设要将图像保存为“./out.jpg”，则代码如下。

```
cv2.imwrite('./out. jpg', dstImg)
```

这样一来，可以看到当前目录下生成了“out.jpg”文件，提高饱和度后的照片效果如图 9-8 所示。

图 9-8　提高饱和度后的照片

9.2.5　批量提高照片饱和度

小鹏的所有照片放在了“data”目录下，现在需要编写程序对“data”目录下的照片进行提高饱和度的操作，然后将结果保存到“output”目录下，从而实现批量提高照片的饱和度。

你会发现，其实只要在 9.2.1 ~ 9.2.4 小节中编写的程序的基础上，再加上遍历“data”目录的相关代码，就能批量提高照片饱和度。具体代码如下。

```
import cv2
import os

def modify(input_image_path, output_image_path, s_ratio):
    image = cv2.imread(input_image_path, 1)
    hlsImg = cv2.cvtColor(image, cv2.COLOR_BGR2HLS)
    for i in range(len(hlsImg)):
        for j in range(len(hlsImg[0])):
            hlsImg[i][j][2] *= s_ratio
            if hlsImg[i][j][2] > 100:
                hlsImg[i][j][2] = 100
    lsImg = cv2.cvtColor(hlsImg, cv2.COLOR_HLS2BGR)
    cv2.imwrite(output_image_path, lsImg)


#饱和度提高的比例
saturation_ratio = 3

src_dir = "data"
output_dir = "output"

for path in os.listdir(src_dir):
    update(os.path.join(src_dir, path), os.path.join(output_dir, path), saturation_ratio)
```

课后练习

1. 编写一个能批量降低照片饱和度的程序。
2. 编写一个能批量修改照片亮度的程序。

任务 9.3　批量加水印

小鹏想要一个能够帮助自己对这些照片加上自己水印的程序，以防止自己的劳动成果被盗用。本任务将会教你如何编写程序来帮助小鹏从重复劳动中解脱出来。照片样本如图 9-9 所示，全部照片如图 9-10 所示。

图 9-9　照片样本

微课视频

1.jpg　9.jpg　17.jpg　25.jpg
2.jpg　10.jpg　18.jpg　26.jpg
3.jpg　11.jpg　19.jpg　27.jpg
4.jpg　12.jpg　20.jpg　28.jpg
5.jpg　13.jpg　21.jpg　29.jpg
6.jpg　14.jpg　22.jpg
7.jpg　15.jpg　23.jpg
8.jpg　16.jpg　24.jpg

图 9-10　全部照片

9.3.1　准备水印图像

既然要加水印，那么首先需要做的就是准备一张水印图像。水印图像一般需要满足的条件是背景色为黑色。示例水印图像如图 9-11 所示。

图 9-11　水印图像

为什么背景色要是黑色呢？这是因为在 RGB 颜色空间中黑色就意味着是[0,0,0]。而且，往照片上加水印，本质其实就是在原图的像素值的基础上加上水印图像的像素值。例如，若原图中某点的像素值为[128, 0, 203]，该点与水印图像对应的点的像素值为[0,0,0]时，相加后，像素值还是[128, 0, 203]，这样就实现了水印图像中的背景部分是透明的效果。

9.3.2　添加水印

9.3.1 小节中提到，添加水印的本质就是进行像素值的加法运算。所以添加水印大致分为以下 4 个步骤。

（1）读取照片和水印图像。

（2）确定水印图像左上角在原图中的位置，即确定需要在原图的哪个位置添加水印。

（3）在相应的点上进行像素值加法运算。

（4）保存修改后的图像。

此时你会发现，想要实现添加水印的功能并不难。因为在 9.2.3 小节中，我们就已经学会了如何修改图像中的像素值，只不过 9.2.3 小节中修改的是 HLS 颜色空间中的像素，而在这里要修改的是 BGR 颜色空间中的像素。因此添加水印的示例代码如下。

```
import cv2

#读取原图
src_img = cv2.imread('data/1.jpg')
#将原图中像素的值域调大，因为在进行加法运算时像素值很可能会超过 255
dst_img = src_img.astype(np.float32)
#读取水印图像
shuiyin_img = cv2.imread('shuiyin.jpg')

#水印加在原图的第 80 列第 80 行处
shuiyin_pos = (80, 80)


#当前已经遍历到水印图像的第几列
shuiyin_i = 0

#遍历原图与水印图像的重合区域
for i in range(shuiyin_pos[0], min(dst_img.shape[0], shuiyin_pos[0]+shuiyin_img.shape[0])):
    #当前已经遍历到水印图像的第几行
    shuiyin_j = 0
    for j in range(shuiyin_pos[1], min(dst_img.shape[1], shuiyin_pos[1]+shuiyin_img.shape[1])):
    #像素值相加
        dst_img[i][j][0] += shuiyin_img[shuiyin_i][shuiyin_j][0]
        dst_img[i][j][1] += shuiyin_img[shuiyin_i][shuiyin_j][1]
        dst_img[i][j][2] += shuiyin_img[shuiyin_i][shuiyin_j][2]
        #将像素值超过 255 的部分，重新赋值为 255
        if dst_img[i][j][0] > 255:
            dst_img[i][j][0] = 255
        if dst_img[i][j][1] > 255:
```

```
            dst_img[i][j][1] = 255
        if dst_img[i][j][2] > 255:
            dst_img[i][j][2] = 255
        shuiyin_j += 1
    shuiyin_i += 1

#将像素值的值域调回[0, 255]
dst_img = dst_img.astype('uint8')
#保存修改
cv2.imwrite('output.jpg', dst_img)
```

添加水印后的照片效果如图 9-12 所示。

图 9-12　添加水印后的照片效果

上述代码中有以下几点需要注意。

（1）由于 imread()函数读取图像后，像素值的类型是 uint8，uint8 可以看成像素的值域是[0, 255]，而两张图像中的像素做加法时，像素的值域会变成[0, 510]。因此，进行加法计算前，需要调大像素的值域。"astype('np.float32')" 可以将像素的值域调大。

（2）考虑水印图像的区域超过原图区域的代码已在 for 循环中通过 min 来实现，如图 9-13 所示。

图 9-13　水印图像的区域超过原图区域

（3）保存修改结果之前，需要将原图像素的值域调回[0, 255]，即像素值的类型需要变成 uint8。

9.3.3 批量添加水印

学会了如何为一张照片添加水印之后，批量添加水印简直易如反掌。假设小鹏的风景照片都在“data”目录下，水印图像的名字为“shuiyin.jpg”，需要将添加水印后的照片保存在“output”目录下，则具体代码如下。

```
import cv2
import os
# 定义添加水印方法
def add_shuiyin(input_img_path, output_img_path, shuiyin_img, shuiyin_pos):
    src_img = cv2.imread(input_img_path).astype('float32')

shuiyin_i = 0
# 遍历原图与水印的水印图像的重合区域
    for i in range(shuiyin_pos[0], min(src_img.shape[0], shuiyin_pos[0]+shuiyin_img.shape[0])):
        shuiyin_j = 0
        for j in range(shuiyin_pos[1], min(src_img.shape[1], shuiyin_pos[1]+shuiyin_img.shape
[1])):
            src_img[i][j][0] += shuiyin_img[shuiyin_i][shuiyin_j][0]
            src_img[i][j][1] += shuiyin_img[shuiyin_i][shuiyin_j][1]
            src_img[i][j][2] += shuiyin_img[shuiyin_i][shuiyin_j][2]
            if src_img[i][j][0] > 255:
                src_img[i][j][0] = 255
            if src_img[i][j][1] > 255:
                src_img[i][j][1] = 255
            if src_img[i][j][2] > 255:
                src_img[i][j][2] = 255
            shuiyin_j += 1
        shuiyin_i += 1

    dst_img = src_img.astype('uint8')
    cv2.imwrite(output_img_path, src_img)


src_dir = "data"
output_dir = "output"


shuiyin_img = cv2.imread('shuiyin.jpg')


shuiyin_pos = (80, 80)

# 批量添加水印
for path in os.listdir(src_dir):
    add_shuiyin(os.path.join(src_dir, path), os.path.join(output_dir, path), shuiyin_img, shuiyin_
pos)
```

课后练习

1. 编写程序实现批量为照片添加多个水印。

2. 修改批量添加水印程序的代码，读取水印图像后，将水印图像的透明度降低30%（0%的透明度可以理解成图像的像素值乘 0，100%的透明度可以理解成图像的像素值乘 1）。

任务 9.4　批量生成学生证

这里有一份刚入学的新生的信息表，希望你能根据表中的数据，批量生成学生证。学生信息表部分数据如图 9–14 所示，某学生学生证效果如图 9–15 所示（为了保护个人隐私，图 9–14 和图 9–15 中的照片均已模糊处理）。

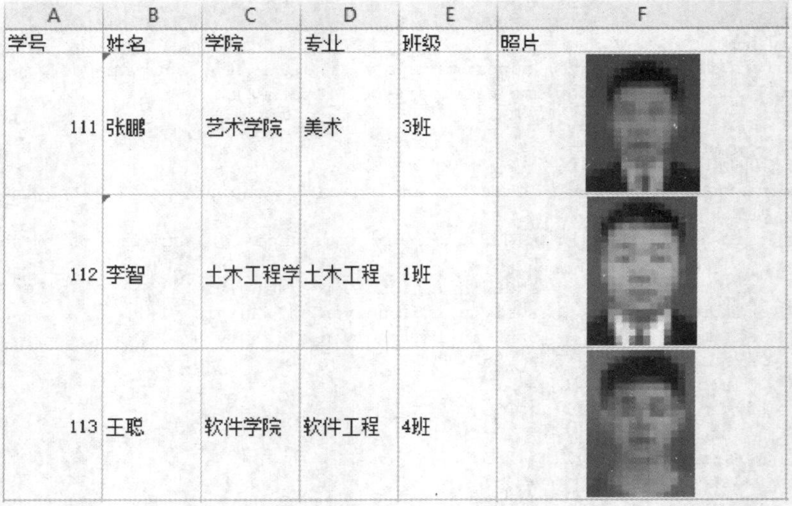

A	B	C	D	E	F
学号	姓名	学院	专业	班级	照片
111	张鹏	艺术学院	美术	3班	
112	李智	土木工程学	土木工程	1班	
113	王聪	软件学院	软件工程	4班	

图 9-14　学生信息表部分数据

图 9-15　某学生学生证效果

其实，编写这样的程序需要学习两个新知识，即如何读取 Excel 文件中的图像数据，以及如何往图像中“写字”。掌握了这两个新知识后，编写程序就很简单了。

9.4.1 读取 Excel 文件中的图像

由于 Excel 文件本质上可以看成一个 ZIP 压缩包，因此读取 Excel 文件中的图像很简单，具体方法就是将其扩展名改成“.zip”，然后解压缩 ZIP 压缩包，从而得到 Excel 文件中的图像。解压缩后的目录结构如图 9–16 所示。

_rels
docProps
xl
[Content_Types].xml

图 9-16 解压后的目录结构

我们想要的图像数据，存放在“./xl/media/”下，如图 9–17 所示。

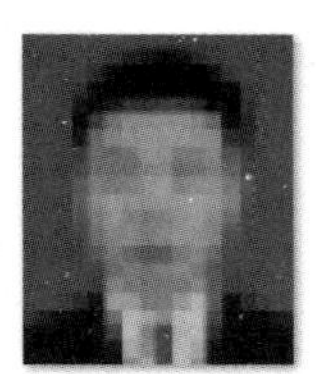

image1.png

图 9-17 “media”目录下的图像

看到这里，应该能够想到解决方案了。就是将 Excel 文件的扩展名改成“.zip”，然后解压缩该文件，最后读取“./xl/media/”目录下的图像。修改扩展名，可以调用 os 模块的 rename()函数，该函数接收两个参数。第一个参数是原来的文件名，第二个参数是修改后的文件名。假设想要将“data.xlsx”改成“data.zip”，则代码如下。

```
import os
os.rename('data.xlsx', 'data.zip')
```

有了 ZIP 压缩包后，就可以着手解压缩了。使用 Python 解压缩 ZIP 压缩包非常简单，因为 Python 已经提供了处理 ZIP 压缩包的模块——zipfile。使用该模块进行解压缩很容易，分 3 步：首先调用 ZipFile()函数，读取 ZIP 压缩包文件，该函数会返回一个代表 ZIP 压缩包的对象；然后调用该对象的 extractall()函数，该函数接受一个参数（即解压缩的路径）即可实现解压缩功能；最后调用该对象的 close()函数，关闭 ZIP 文件。假如想要将“data.zip”文件解压缩到当前目录下，则代码如下。

```
import zipfile

#用可读的方式打开“data.zip”
file_zip = zipfile.ZipFile('data.zip', 'r')
#解压缩到当前目录下
file_zip.extractall('./')
#关闭“data.zip”
file_zip.close()
```

接下来的事情就水到渠成了，只需调用 os 模块的 listdir()函数，遍历“./data/xl/media/”目录下的所有图像即可。假设将读取到的图像数据存到名为 images 的列表中，具体代码如下。

```
import cv2

#存放图像数据的列表
images = []
```

```
#遍历“./data/xl/media”目录下的所有图像
for file in os.listdir('./data/xl/media'):
    #读取图像
    img = cv2.imread('./data/xl/media/'+file)
    images.append(img)
```

这样就可实现读取 Excel 中图像的功能。

9.4.2 生成学生证

生成学生证的本质其实就是在一张背景图像上显示学生的信息和学生的照片。首先要准备一张好看的背景图像。本项目中使用的背景图像如图 9-18 所示。

图 9-18　学生证背景图像

想要在背景图像上加上学生的信息就需要在背景图像上写字。虽然 OpenCV 能够实现在图像上“写字”，但是它对中文的支持不太好，实现起来也比较烦琐。而使用 Python 自带的 PIL 模块来“写字”就非常方便，所以我们使用 PIL 模块来完成“写字”功能。

使用 PIL 模块来“写字”，首先需要将 OpenCV 读取到的图像数据转换成 PIL 模块所能处理的数据。转换的工作可以交给子模块 Image 提供的 fromarray()函数，该函数接收一个参数，即待转换的图像数据。示例代码如下。

```
#导入 PIL 模块
import PIL
import cv2

#读取背景图像
img = cv2.imread('background.jpg')

#PIL 的默认颜色空间是 RGB，所以要转换
img = cv2.cvtColor(img, cv2.COLOR_BGR2RGB)
#将 img 转换成 PIL 模块能够处理的数据，pilimg 为 PIL 模块所能处理的数据
pilimg = PIL.Image.fromarray(img)
```

得到 PIL 模块能够处理的数据之后，还需要调用子模块 ImageDraw 的 Draw( )函数来构造一个写字的对象。示例代码如下。

```
#构造写字对象，以后在 pilimg 上写字就靠 draw 了
draw = PIL.ImageDraw.Draw(pilimg)
```

上述示例代码中的 draw 变量就相当于已经有了一张纸，而且纸上已经有了背景图案。那么在往纸上写字之前，要先想好写字的时候用什么字体，所以接下来要构造字体对象。可以使用子模块 ImageFont 提供的 truetype( )函数来构造，该函数可以指定字体、字的大小等信息。示例代码如下。

```
#构造一个字体为微软雅黑，字号为 20 的字体对象
#若想要使用别的字体，可以在自己的计算机上搜索扩展名为“ttf”的文件，然后将该文件的文件名作为第一个参数传给 truetype 即可。
font = PIL.ImageFont.truetype('simhei.ttf', 20)
```

下面就可以在画布上写字了。可以通过调用写字对象的 text( )函数来实现，该函数需要 4 个参数，分别为字的位置、字的内容、字的颜色、字的字体。所以假设要在画布上用字号为 20 号的微软雅黑字体，在(115,230)的位置上写一句黑色的“你好”，则示例代码如下。

```
#(0, 0, 0)表示 RGB 颜色空间中的黑色
draw.text((115, 230), '你好', (0, 0, 0), font=font)
```

写完字后，若想要看看效果，就需要保存修改结果。但现在图像数据已经是 PIL 模块所能处理的数据，而不是 OpenCV 所能处理的数据了。因此，在保存修改结果之前，需要将数据转换成 OpenCV 能够处理的数据。转换工作需要用到第三方模块 NumPy。该模块的安装与其他第三方模块的安装方式一样，在“命令提示符”窗口执行 pip install numpy 命令即可安装。以下代码可将 PIL 所能处理的数据转换成 OpenCV 所能处理的数据。

```
#导入 NumPy 模块
import numpy

#转换数据
cv2img = numpy.asarray(pilimg)
```

此时，cv2img 就是 OpenCV 能够处理的数据，然后按照 9.2.4 小节中介绍的方法保存修改结果即可。保存修改结果后，效果如图 9–19 所示。

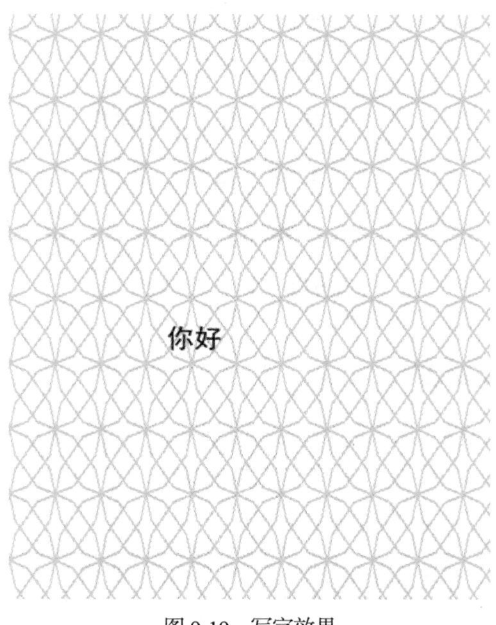

图 9-19　写字效果

学会了如何“写字”之后，想必你已经知道如何生成一张学生证了。示例代码如下。

```
import cv2
import PIL
import numpy

#读取学生照片，假设学生照片的路径为“./image1.jpg”
face_img = cv2.imread('./image1.jpg')
#读取背景图像
bg_img = cv2.imread('./background.jpg')

pilimg = PIL.Image.fromarray(bg_img)
draw = PIL.ImageDraw.Draw(pilimg)
font = PIL.ImageFont.truetype('simhei.ttf', 20)
draw.text((115, 240), '学号: 112', (0, 0, 0), font=font)
draw.text((115, 280), '姓名: 李智', (0, 0, 0), font=font)
draw.text((115, 320), '学院: 土木工程学院', (0, 0, 0), font=font)
draw.text((115, 360), '专业: 土木工程', (0, 0, 0), font=font)
draw.text((115, 400), '班级: 1 班', (0, 0, 0), font=font)

#转回 BGR 颜色空间
pilimg = cv2.cvtColor(pilimg, cv2.COLOR_RGB2BGR)
cv2img = numpy.asarray(pilimg)
cv2.imwrite('result.jpg', cv2img)
```

生成的学生证如图 9-20 所示。

图 9-20　生成的学生证

9.4.3　批量生成学生证

该项目的两个难题已经解决了，那么批量生成学生证就变得非常简单了。只不过多了一步，即从 Excel 文件中读取学生信息。而怎样从 Excel 文件中读取数据在项目七中已经介绍过，此处不再赘述。批量生成“./data.xlsx”文件中学生的学生证的示例代码如下。

```
import cv2
import PIL
import numpy
import os
```

```
import zipfile

os.rename('data.xlsx', 'data.zip')
#用可读的方式打开“data.zip”
file_zip = zipfile.ZipFile('data.zip', 'r')
#解压缩到当前目录下
file_zip.extractall('./')
#关闭“data.zip”
file_zip.close()

#存放学生照片数据的列表
images = []

#遍历“./data/xl/media”目录下的所有图像
for file in os.listdir('./data/xl/media'):
    #读取图像
    img = cv2.imread('./data/xl/media/'+file)
    images.append(img)

workbook = openpyxl.load_workbook('data.xlsx')
sheet = workbook['Sheet1']

for row_idx in range(2, sheet.max_row+1):
    s_number = sheet['A'+str(row_idx)].value
    name = sheet['B'+str(row_idx)].value
    colledge = sheet['C'+str(row_idx)].value
    major= sheet['D'+str(row_idx)].value
    Class_name= sheet['E'+str(row_idx)].value

#读取背景图像
bg_img = cv2.imread('./background.jpg')
cv2img = cv2.cvtColor(bg_img, cv2.COLOR_BGR2RGB)
pilimg = PIL.Image.fromarray(bg_img)
draw = PIL.ImageDraw.Draw(pilimg)
font = PIL.ImageFont.truetype('simhei.ttf', 20)
draw.text((115, 240), '学号: '+str(s_number), (0, 0, 0), font=font)
draw.text((115, 280), '姓名: '+name, (0, 0, 0), font=font)
draw.text((115, 320), '学院: '+colledge, (0, 0, 0), font=font)
draw.text((115, 360), '专业: '+major, (0, 0, 0), font=font)
draw.text((115, 400), '班级: '+class_name, (0, 0, 0), font=font)

cv2img = numpy.asarray(pilimg)
cv2charimg = cv2.cvtColor(cv2img, cv2.COLOR_RGB2BGR)
face_img = images[row_idx-2]
face_pos = (30, 90)
#将学生照片置于背景图像上
cv2charimg[face_pos[0]:face_pos[0] + face_img.shape[0], face_pos[1]:face_pos[1] + face_img.
shape[1]] = face_img

#以学号为文件名来保存学生证图像
cv2.imwrite(str(s_number)+'.jpg', cv2img)
```

课后练习

编写程序实现多个学生信息表的学生证批量生成功能。

项目小结

在本项目中，我们使用 Python 编写了 3 个小程序。

1. 批量修改图像的饱和度。
2. 批量加水印。
3. 批量生成学生证。

通过编写这些程序，我们学到了使用 Python 处理图像的知识，具体如下。

1. OpenCV 是专门用来处理图像的模块。
2. OpenCV 的安装命令为 pip install opencv-python。
3. 图像是由一个个像素组成的，在 RGB 颜色空间中，像素的值域是[0, 255]。
4. RGB 颜色空间与 HLS 颜色空间之间的区别，以及这两种颜色空间的适用场景。
5. 使用 OpenCV 操作图像的基本思路是：读取图像；修改图像中的像素；保存修改。
6. Excel 文件可转换成 ZIP 压缩包，使用 zipfile 模块可以很轻松地解压缩 ZIP 压缩包。
7. 使用 PIL 模块在图像上“写字”，以及如何将 PIL 与 OpenCV 之间的数据互相转换。

项目习题

编写程序实现批量盖章，要求能够批量在图像上加上你喜欢的印章图案。

拓展学习篇

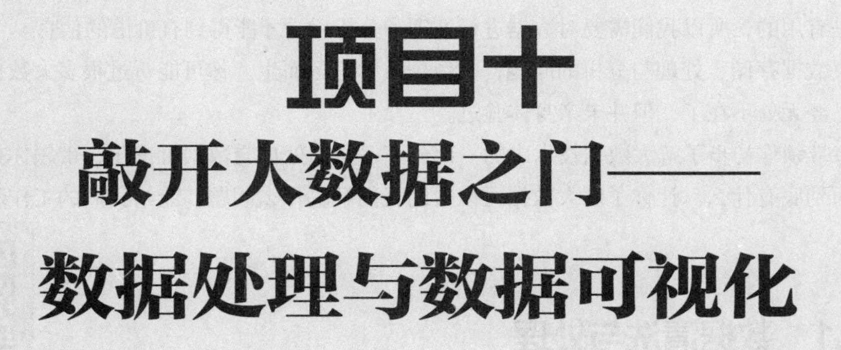

项目十

敲开大数据之门——数据处理与数据可视化

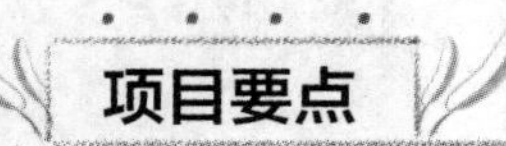

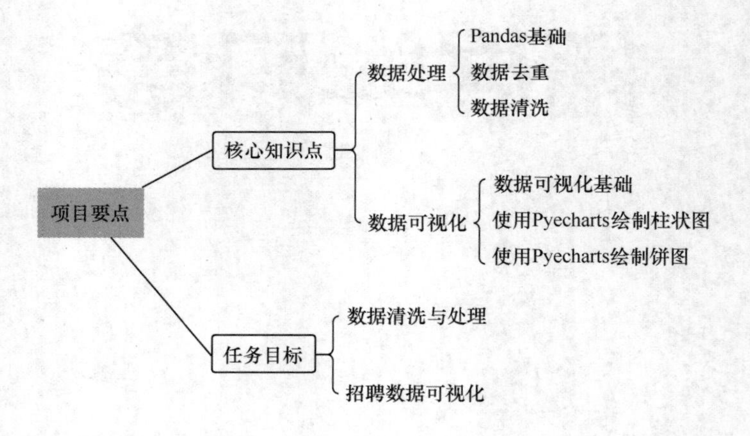

项目场景

我们生活在一个“数据爆炸”的时代，每天都会产生海量的数据，数据量变得越来越大，但不是所有的数据都是有用的，所以我们需要对数据进行处理和分析后，才能得到有价值的信息。

为了解决数据存储、处理与分析的问题，大数据技术应运而生。你可能听过很多大数据相关术语，知道大数据已经无处不在了，但并未亲身体验过。

本项目将带领你初步了解大数据技术中的一部分——数据处理与数据可视化，带领你打开大数据的门，看看里面到底有什么。让你了解大数据可以帮助我们解决什么问题，能给我们的工作和生活带来哪些变化。

任务 10.1　数据清洗与处理

微课视频

本项目使用的数据文件（部分）如图 10-1 所示。该文件“51job_bigdata.csv”中存放了“大数据岗位”的招聘信息，本项目的第一个任务就是从这些数据中提取岗位工资、职位信息等关键数据。

	公司	职位	学历	福利	工资	公司类型	公司规模	经营范围	工作经验	地区
1	深圳市创思信息技术有限公司	业大数据分析实习生+双休	大专	金', '弹性工作', '周末双休']	7-9千/月	外资（非欧美）	50-150人	计算机软件	无需经验	深圳-南山区
2	深圳市永联科技股份有限公司	大数据工程师	本科	[]	1-2万/月	上市公司	150-500人	新能源	3-4年经验	深圳-南山区
3	深圳市云帆加速科技有限公司	大数据高级运维	本科	[]	1.5-2.2万/月	民营公司	50-150人	互联网/电子商务	3-4年经验	深圳-南山区
4	深圳市天彦通信股份有限公司	安防大数据研发专家	本科	作', '股票期权', '年终奖金']	2-4万/月	民营公司	150-500人	通信/电信/网络设备	5-7年经验	深圳-南山区
5	武汉佰钧成技术有限责任公司	大数据开发工程师	本科	险', '定期体检', '专业培训']	1.5-3万/月	民营公司	10000人以上	计算机软件	3-4年经验	深圳-龙华新区
6	成都龙搜科技有限公司	大数据开发工程师	大专	旅游', '定期体检', '下午茶']	0.7-1.1万/月	民营公司	50-150人	服装/纺织/皮革	在校生/应届生	深圳-南山区
7	深圳市紫川软件有限公司	大数据开发工程师	本科	假日', '祝寿礼金', '过节费']	1.5-2万/月	民营公司	500-1000人	计算机软件	3-4年经验	深圳-福田区
8	深圳市安啦互联网有限公司	电商大数据分析助理/双休	大专	[]	7-9千/月	外资（非欧美）	50-150人	务(系统、数据服务、维修)	无需经验	深圳-龙华新区
9	亿科数字	高级大数据开发工程师	本科	[]	2.5-3.5万/月	民营公司	150-500人	互联网/电子商务	3-4年经验	深圳-南山区
10	深圳市博悦科创科技有限公司	大数据开发工程师	本科	金', '员工旅游', '定期体检']	1.2-1.7万/月	民营公司	500-1000人	计算机软件	3-4年经验	深圳-福田区

图 10-1　大数据岗位招聘信息

注意 本任务的数据见本书配套资源。使用 Excel 打开 CSV 文件可能会看到乱码，如果想要正常显示中文，可以使用 Notepad++等软件打开。

在 Python 中提取数据和处理数据需要用到 Pandas。Pandas 是一个强大的分析结构化数据的工具集。在“命令提示符”窗口执行 pip install pandas 命令即可安装 Pandas。

10.1.1 数据清洗

打开获取到的数据文件，可以发现其中有很多重复的数据，还有很多缺失的数据。这些数据被我们称为“脏”数据。这些“脏”数据对于之后要做的数据分析工作是不利的，所以需要对这些“脏”数据进行清洗。

10.1.1.1 数据去重

首先使用 Pandas 读取“51job_bigdata.csv”文件，使用 duplicated()函数查看“公司”和“职位”的重复数据，代码如下。

```
import pandas as pd
# 读取 CSV 文件，返回一个 DataFrame 对象，DataFrame 对象可以看作一张表
df = pd.read_csv('51job_bigdata.csv')
# 输出重复数据
print(df[df.duplicated(subset = ['公司','职位'])].sort_values('公司')[['公司','职位']])
```

运行结果如图 10-2 所示。

	公司	职位
631	万宝瑞华人才管理咨询（上海）有限公司	国内知名科技公司 解决方案大客户经理
3463	上海易宝软件有限公司深圳分公司	需求分析师
3460	上海易宝软件有限公司深圳分公司	Java开发工程师
3459	上海易宝软件有限公司深圳分公司	Java开发工程师
3352	上海易宝软件有限公司深圳分公司	Java开发工程师

图 10-2 重复数据

观察该表可以发现有部分岗位的数据是重复的，例如同一家公司 Java 开发工程师这个岗位对应的数据出现了 3 次，这些数据会影响后面的数据分析结果，属于“脏”数据，所以需要对这些数据进行数据去重操作。

可以使用 Pandas 的 drop_duplicates()函数进行数据去重操作，编写代码如下。

```
# 数据去重，对公司和职位都相同的数据进行数据去重操作
df = df.drop_duplicates(["公司","职位"])
print(df[df.duplicated(subset = ['公司','职位'])].sort_values('公司')[['公司','职位']])
```

运行结果如下。

```
Empty DataFrame
Columns: [公司, 职位]
Index: []
```

可以发现公司和岗位中的重复数据已经被去掉了。

10.1.1.2 岗位数据清洗

接下来观察岗位数据。可以发现数据中有许多销售岗位、运营岗位的信息，这些信息不属于大数据行业的岗位数据，如图 10–3 所示。所以接下来需要清洗这些不属于大数据行业的岗位数据。

	公司	职位
353	深圳市达达商贸有限公司	销售
354	深圳驰锐品牌管理有限公司	销售代表
355	深圳市先行设备科技有限公司	Python开发工程师
356	深圳市富悦电子有限公司	PMC文员
357	深圳市灏瀚传奇科技有限公司	跨境电商产品经理
358	深圳市如法科技有限公司	首席架构师
359	深圳市瑞驰信息技术有限公司	产品售前工程师
360	深圳市大象通讯科技有限公司	海外销售经理
361	深圳骅富金融服务有限公司	系统工程师
362	深圳市旭日东方实业有限公司	外贸业务员（太阳能LED 灯）
363	深圳数智创科技有限公司	BI实施项目经理
364	深圳微时代传媒科技有限公司	销售专员+不加班
365	深圳市刻锐智能科技有限公司	亚马逊高级运营（德国站）
366	北京钰峰科技有限公司	销售经理

图 10-3　与“大数据”无关的部分数据

可以使用正则表达式来提取大数据行业的岗位数据，去除不属于大数据行业的岗位数据，代码如下。

```
# 通过关键词提取大数据行业的岗位数据，去除不属于大数据行业的岗位数据
df= df[df['职位'].str
      .contains(r'.*?数据.*?|.*?分析.*?|.*?开发.*?|.*?架构.*?|.*?ETL.*?|.*?技术.*?|.*?工程师.*? ')]
print(df[['职位']])
```

数据清洗结果如图 10–4 所示。

	职位
0	软件工程师（大数据）
1	大数据开发工程师
2	大数据分析师
3	大数据开发工程师
4	爬虫/大数据实习生
...	...
3821	Java开发工程师，前端开发
3822	ETL开发工程师
3824	技术总监
3826	解决方案工程师
3827	技术副总/技术总监

图 10-4　数据清洗结果

10.1.2 工资数据处理

经过前面介绍的数据清洗之后，再次观察数据，发现有许多岗位没有设置工资，而且许多岗位对应工资的单位不相同，所以现在就要对空数据和单位不一致的数据进行处理。

10.1.2.1 空值过滤

有许多岗位没有设置工资，即工资数据为空，所以我们需要将这些空数据过滤掉，使用 notnull()函数即可对空值进行过滤，代码如下。

```
df = df[df['工资'].notnull()]
print(df[['工资']])
```

空值过滤结果如图 10-5 所示。

	工资
0	0.8-1.5万/月
1	1.5-2万/月
2	6-8千/月
3	1.5-3万/月
4	4.5-6千/月
...	...
3821	1.5千以下/月
3822	1.5千以下/月
3824	5-7万/月
3826	1.5-2千/月
3827	30-50万/月

图 10-5 空值过滤

10.1.2.2 统一工资单位

表中总共有以下 3 种类型的工资单位。

（1）千/月。

（2）万/月。

（3）万/年。

如果要对招聘岗位的工资进行数据分析，我们还需要完成以下两个步骤。

（1）将这 3 种工资数据的单位统一成 K（K 表示千）。

（2）将工资范围数据用“最低工资”和“最高工资”两个字段来表示。

第一步：处理“千/月”的数据。

```
# 筛选出“千/月”的数据
salary_K = df[df['工资'].str.contains('(\d+\.?\d*)\-?(\d+\.?\d*)千/月')]
# 定义两个字段：“最低工资” 和“最高工资”
salary_K[['最低工资','最高工资']] = salary_K['工资'] \
    .replace(regex={r'(\d+\.?\d*)\-?(\d+\.?\d*)千/月':r'\1K-\2K'}) \
```

```
    .str.split('-',expand=True)
# 最后删除“工资”字段
salary_K.drop('工资', axis=1, inplace=True)
print(salary_K[['最低工资','最高工资']])
```

上述代码中关键语句解释如下。

- replace(regex={r'(\d+\.?\d*)\-?(\d+\.?\d*)千/月':r'\1K-\2K'}) ：将“××-××千/月”的工资数据提取出来，并且加上了单位 K。
- str.split('-',expand=True)：将数据以"-"分割成两个字段。

处理结果如图 10-6 所示。

	最低工资	最高工资
2	6K	8K
4	4.5K	6K
13	6K	8K
14	7K	9K
15	4.5K	6K
...	...	...
3798	1.5K	2K
3802	2K	3K
3819	2K	3K
3820	1.5K	2K
3826	1.5K	2K

图 10-6　处理结果

第二步：用类似的方法处理“万/月”的数据。

```
# 筛选出“万/月”的数据
salary_W = df[df['工资'].str.contains('(\d+\.?\d*)\-?(\d+\.?\d*)万/月')]
salary_W[['最低工资','最高工资']] = salary_W['工资'] \
.replace(regex={r'(\d+\.?\d*)\-?(\d+\.?\d*)万/月':r'\1-\2'}) \
.str.split('-',expand=True)
# 转换，然后进行换算
salary_W['最低工资'] = salary_W['最低工资'].astype("float") # 转换为浮点数类型
salary_W['最高工资'] = salary_W['最高工资'].astype("float")
salary_W['最低工资'] = (salary_W['最低工资']*10).astype("str") + 'K'
salary_W['最高工资'] = (salary_W['最高工资']*10).astype("str") + 'K'
# 删除“工资”字段
salary_W.drop('工资', axis=1, inplace=True)
```

处理结果与处理“千/月”数据结果类似。

第三步：继续处理“万/年”的数据。

```
# 筛选出“万/年”的数据
salary_W_Y = df[df['工资'].str.contains('.*?万/年.*?')]
salary_W_Y[['最低工资','最高工资']] = salary_W_Y['工资'] \
.replace(regex={r'(\d+\.?\d*)\-?(\d+\.?\d*)万/年':r'\1-\2'}) \
.str.split('-',expand=True)

# 将“万/年”结尾的数据单位转换为 K
salary_W_Y['最低工资'] = salary_W_Y['最低工资'].astype("float")
salary_W_Y['最高工资'] = salary_W_Y['最高工资'].astype("float")
```

```
# 进行换算，并保留两位小数
salary_W_Y['最低工资'] = (salary_W_Y['最低工资']*10/12).round(decimals=2).astype("str") + 'K'
salary_W_Y['最高工资'] = (salary_W_Y['最高工资']*10/12).round(decimals=2).astype("str") + 'K'
salary_W_Y.drop('工资', axis=1, inplace=True)
```

第四步：将转换好的 3 种数据进行合并。

```
# 对 3 种工资数据进行合并
all_salary = salary_K.append(salary_W).append(salary_W_Y)
# 输出处理结果
print(all_salary[['最低工资','最高工资']])
```

工资数据转换结果如图 10–7 所示。

	最低工资	最高工资
2	6K	8K
4	4.5K	6K
13	6K	8K
14	7K	9K
15	4.5K	6K
...	...	...
3764	16.67K	25.0K
3780	16.67K	25.0K
3793	1.25K	2.5K
3803	1.67K	2.5K
3804	66.67K	83.33K

图 10-7　工资数据转换结果

10.1.2.3　保存最终结果

最后将处理结果保存为 CSV 文件，用于后续的数据分析和可视化工作。

```
all_salary.to_csv("./final_jobinfo.csv")
```

运行程序之后，可以发现在当前目录下生成了一个名为“final_jobinfo.csv”的文件，打开该文件可以看到图 10–8 所示的结果。

		公司	职位	学历	福利	公司类型	公司规模	经营范围	工作经验	地区	职要求	最低工资	最高工资
1	0	思信息技术有限公司	大数据分析实习生+双休	大专	作', '周末双休']	(非欧美)	50-150人	计算机软件	无需经验	深圳-南山区	[]	7K	9K
2	7	安啦互联网有限公司	电商大数据分析助理/双休	大专	[]	(非欧美)	50-150人	服务、维修)	无需经验	圳-龙华新区	[]	7K	9K
3	15	乐时光软件有限公司	BI大数据助理+年底双薪	大专	[]	民营公司	150-500人	计算机软件	无需经验	圳-龙华新区	[]	6K	8K
4	17	康创源科技有限公司	大数据分析助理/年底双薪	大专	[]	民营公司	50-150人	计算机软件	无需经验	深圳-南山区	[]	6K	8K
5	18	州喜峰科技有限公司	计专员（应届生+双休）	本科	[]	民营公司	50-150人	计算机软件	无需经验	深圳-南山区	[]	6K	8K
6	22	互联网科技有限公司	BI大数据实习生/包住	大专	[]	民营公司	150-500人	计算机软件	无需经验	深圳-南山区	[]	7K	9K
7	24	卡智控科技有限公司	开发助理/实习生（双休）	大专	, '补充公积金']	民营公司	少于50人	计算机软件	1年经验	深圳-南山区	[]	6K	8K
8	32	绮丽色贸易有限公司	大数据分析助理	大专	性工作', '包住']	民营公司	少于50人	网/电子商务	无需经验	圳-龙华新区	[]	4.7K	6.2K
9	35	乐人人科技有限公司	大数据统计助理	大专	金', '员工旅游']	民营公司	50-150人	计算机软件	生/应届生	深圳-南山区	[]	6K	9K
10	38	科科技开发有限公司	析实习生（双休+住宿）	大专	训', '做五休二']	民营公司	少于50人	计算机软件	无需经验	深圳-南山区	[]	4.5K	6K
11	39	米软件技术有限公司	数据实习生/应届生+包住	大专	[]	民营公司	150-500人	网/电子商务	无需经验	深圳-南山区	[]	6K	8K
12	44	酷网络科技有限公司	大数据开发工程师	大专	奖', '做五休二']	民营公司	少于50人	信/网络设备	无需经验	深圳-宝安区	[]	6K	8K

图 10-8　数据清洗与处理的最终结果

课后练习

对自己所在城市的岗位招聘信息进行数据清洗和过滤，并将处理结果保存至本地。

任务 10.2 招聘数据可视化

原材料（数据）准备好之后就可以对这些数据进行分析与可视化展示了。首先要展示的是“大数据岗位薪资水平分布图”。

10.2.1 使用 Pyecharts 展示工资数据

在对数据可视化展示之前，我们需要先对数据进行处理，将工资数据统计成 3 挡：0–10K、10–25K、25K 以上，最后计算这 3 挡的占比。

具体代码如下。

```
import pandas as pd

# 读取文件
df = pd.read_csv('final_jobinfo.csv')

# 去除工资的单位 “K”
salary = df[['最低工资','最高工资']].replace(regex={r'(\d+)K':r'\1'}).astype("float")

# 计算平均工资，axis=1 表示取列的值进行计算
salary_avg = salary.apply(lambda item: (item['最低工资'] + item['最高工资'])/2, axis=1)

# 将数据分成 3 挡：0-10K，10-25K，25K 以上
salary_dic = {'0-10K':0,'10-25K':0,'25K 以上':0}
for i in salary_avg:
    if( 0<= i <= 10):
        salary_dic['0-10K']  += 1
    elif( 10< i <= 25):
        salary_dic['10-25K'] += 1
    else:
        salary_dic['25K 以上'] += 1

#统计岗位总数量
count = 0
for value in salary_dic.values():
    count += value

# 转换为百分比
for key in salary_dic.keys():
    value = (salary_dic[key] / count)*100
    # 保留两位小数
    salary_dic[key] = float("%.2f" %(value))

print(salary_dic)
```

运行结果如下。

```
{'0-10K': 16.5, '10-25K': 67.33, '25K 以上': 16.17}
```

接下来可以使用 Pyecharts 对薪资数据进行可视化展示。Pyecharts 是一款数据可视化工具，囊括了 30 多种常见图表。

在“命令提示符”窗口执行 pip install pyecharts 命令即可安装 Pyecharts。

安装完成之后，可以使用 Pyecharts 来绘制大数据岗位薪资水平分布图。

编写代码如下。

```
# 导入 pyecharts
from pyecharts import options as opts
from pyecharts.charts import Pie

c = (
    Pie()
    .add("", [list(z) for z in zip(salary_dic.keys(),salary_dic.values())])
    .set_global_opts(title_opts=opts.TitleOpts(title="大数据岗位薪资水平分布"))
    .set_series_opts(label_opts=opts.LabelOpts(formatter="{b}: {c}%"))
    .render("大数据岗位薪资水平分布.html")
)
```

运行代码，在当前目录下会生成一个名为“大数据岗位薪资水平分布.html”的文件，打开该文件即可看到图 10-9 所示的结果。

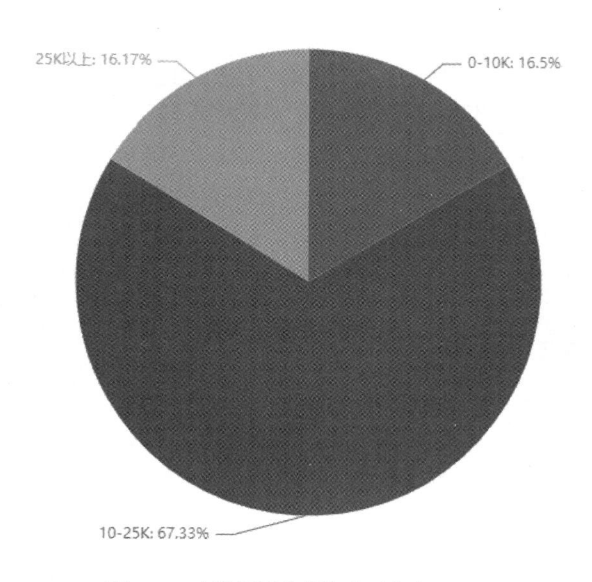

图 10-9　大数据岗位薪资水平分布

通过可视化的结果可以看出，大数据相关岗位的薪资水平大部分在 10–25K，占比为约 67%，0–10K 和 25K 以上薪资的岗位占比分别为 16.5%、16.17%。

10.2.2　可视化展示公司类型和数量

公司的类型通常也是求职者找工作的时候非常关注的一个属性。接下来我们对公司的类型和数量进行统计分析，最后进行可视化展示。

具体代码如下。

```
import pandas as pd
from pyecharts import options as opts
from pyecharts.charts import Pie, Bar, Grid
# 读取文件
data = pd.read_csv('final_jobinfo.csv')

companys = []
```

```
values = []
counts = []
# 统计公司类型数量，按照公司类型进行分组统计
data = data['公司类型'].groupby(data['公司类型']).value_counts()
for key, value in zip(data.keys(), data.values):
    # print(key[0])
    # print(value)
    companys.append(key[0].strip())
    counts.append(int(value))
    values.append("%.1f" % ((int(value) / data.values.sum())* 100))

pie = (
    Pie().add("公司类型统计",[list(z) for z in zip(companys, values)],
        center=["25%", "50%"],)
        .set_global_opts(
        title_opts=opts.TitleOpts(title="公司类型统计",pos_left="25%"),
        legend_opts=opts.LegendOpts(is_show=False),)
        .set_series_opts(label_opts=opts.LabelOpts(formatter="{b}:{c}%"))
)

bar = (
    Bar()
        .add_xaxis(companys)
        .add_yaxis("数量", counts)
        .set_global_opts(legend_opts=opts.LegendOpts(pos_right="20%"))
        .reversal_axis()
        .set_series_opts(label_opts=opts.LabelOpts(position="right"))
)

# 将饼图和柱状图合并成一个图形
grid = (
   Grid(init_opts=opts.InitOpts(width="1800px", height="720px"))
        .add(bar, grid_opts=opts.GridOpts(pos_left="68%"), is_control_axis_index=True)
        .add(pie, grid_opts=opts.GridOpts(pos_right="40%"), is_control_axis_index=True)
        .render("公司类型和数量占比统计.html")
)
```

运行代码，在当前目录下可以看到一个名为“公司类型和数量占比统计.html”的文件，打开该文件即可看到图 10-10 的统计结果，可以看到民营公司数量最多。

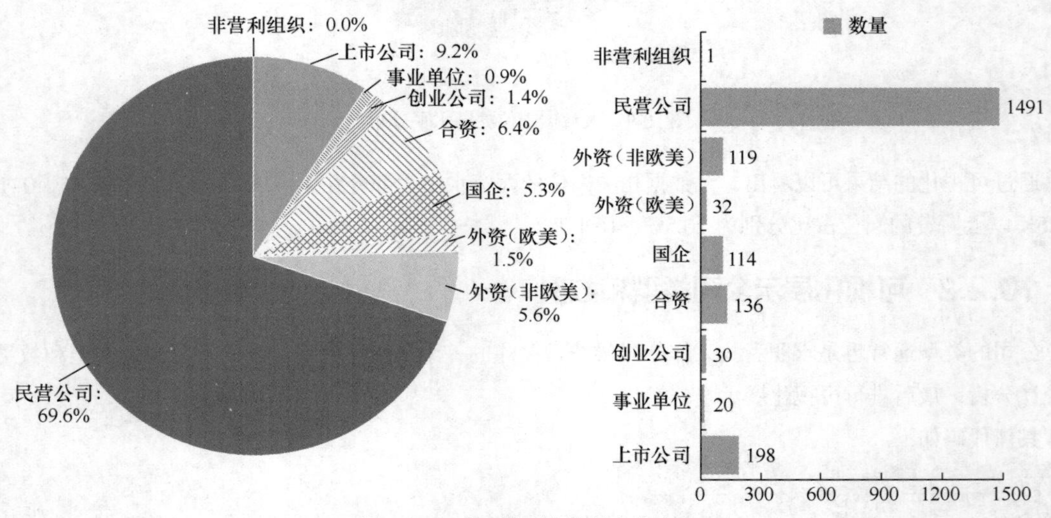

图 10-10　公司类型和数量占比统计

课后练习

Pyecharts 可以支持多种图形的绘制，请尝试使用 Pyecharts 绘制招聘“岗位要求和岗位职责”的词云。

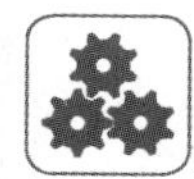

项目小结

在本项目中，我们使用 Python 编写了两个程序。

1. 数据清洗与处理。
2. 招聘数据可视化。

通过编写这些程序我们学会了对数据进行清洗与处理、数据可视化的方法，具体如下。

1. 使用 Pandas 结合正则表达式可以非常方便地对数据进行清洗和处理。
2. 使用 Pyecharts 进行图形绘制，可以直观地对数据进行可视化处理。

项目习题

对大数据岗位的工作经验与学历要求进行分析和可视化。

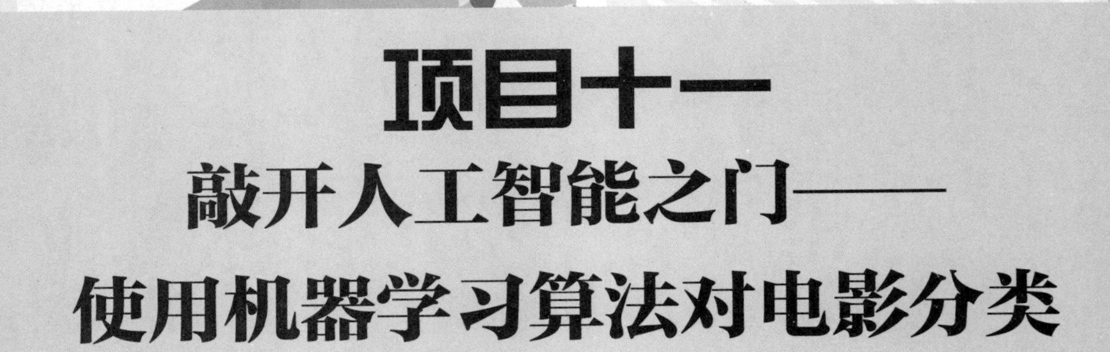

项目十一

敲开人工智能之门——使用机器学习算法对电影分类

项目要点

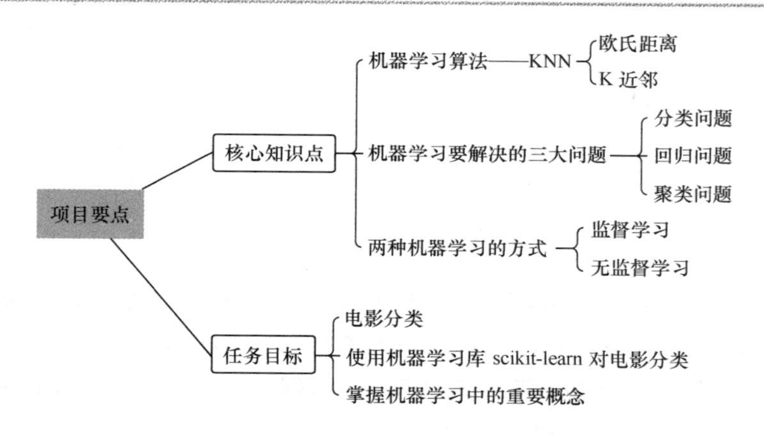

项目场景

在万物互联和万物智能的时代，人工智能技术已经融入了我们的生活，人脸识别、语音交互、智能控制等技术在日常生活中的应用非常广泛。

虽然这些人工智能技术我们几乎每天都在使用，且使用起来简单便捷，但它就像一个黑箱子，我们只会使用却不了解它内部的结构，也看不到它是如何运作的。

你想不想了解人工智能技术是如何应用的呢？如果你的答案是想，那这个项目应该不会让你失望。

本项目将带领你完成一个电影分类的程序，带领你了解人工智能技术的实现细节，让你也能动手编写出一个简单的人工智能程序。

任务 11.1　电影分类

小明寝室住着 6 个同班同学，他们都非常积极向上，平常喜欢在一起钻研学习。有一天，大家看完一场电影后，小明突然提出一个问题，如何判断一部电影是喜剧片，还是爱情片，或者是其他类型的电影？其他同学听了后，都沉思起来。在经过简单的讨论后，他们决定查找资料、收集数据，并通过编程来完成电影类型的判断。

电影相关信息如表 11–1 所示，现在请你判断表格中的电影 10 是什么类型的电影。

表 11-1　电影相关信息

电影名称	搞笑镜头	亲密镜头	动作镜头	电影类型
电影 1	10	2	2	喜剧片
电影 2	11	1	2	喜剧片
电影 3	9	3	3	喜剧片
电影 4	2	10	1	爱情片
电影 5	1	11	2	爱情片

续表

电影名称	搞笑镜头	亲密镜头	动作镜头	电影类型
电影 6	3	9	3	爱情片
电影 7	0	2	10	动作片
电影 8	2	1	11	动作片
电影 9	3	3	9	动作片
电影 10	1	9	1	?

我想你通过目测和简单分析，应该能判断出来电影 10 是爱情片。而现在我们要使用人工智能技术中的机器学习技术，编写计算机程序来判断电影 10 的类型。

注意

可能你会有疑惑，本项目是人工智能入门，为什么又提到机器学习呢？这是因为人工智能（Artificial Intelligence，AI）是一个大的领域，也是一个概念，或者说是一个愿景。而人工智能如何实现，"智能"又从何而来？这主要归功于一种实现人工智能的方法——机器学习（Machine Learning），简而言之：机器学习是一种实现人工智能的方法。

11.1.1 通过对电影分类了解机器学习

你为什么会觉得电影 10 是爱情片呢？是不是因为浏览了一下前面 9 部电影的镜头属性，发现亲密镜头比较多的电影是爱情片呢？其实机器学习的思路也与你的思路差不多，即需要根据现有的资料来发现规律，从而判断电影 10 的类型。

能够实现机器学习功能的算法（机器学习算法）有很多种，但大多数机器学习算法需要从数据中提取两种"原料"才能发现数据中的规律，这两种原料就是特征和标签。因此，要想让计算机程序判断电影 10 的类型，可以先将表 11–1 的数据拆成两个部分（特征和标签），如图 11–1 所示，其中特征为电影的各种镜头属性，标签为电影的类型。至于为什么需要特征和标签，在 11.3 节中会有更详细的解释。

特征　　标签

电影名称	搞笑镜头	亲密镜头	动作镜头	电影类型
电影 1	10	2	2	喜剧片
电影 2	11	1	2	喜剧片
电影 3	9	3	3	喜剧片
电影 4	2	10	1	爱情片
电影 5	1	11	2	爱情片
电影 6	3	9	3	爱情片
电影 7	0	2	10	动作片
电影 8	2	1	11	动作片
电影 9	3	3	9	动作片
电影 10	1	9	1	?

图 11-1　特征与标签

将表格中的数据拆分成特征和标签之后，就可以使用机器学习中的"算法"来判断电影 10 的类型了。

11.1.2 使用 K 近邻算法判断电影类型

要想让计算机程序能判断电影类型，需要使用机器学习中的算法，在本项目中使用的是 K 近邻（K-Nearest Neighbor，KNN）算法。

K 近邻算法的基本原理是：将要进行分类的数据的特征和所有数据的特征进行比较，选出与待分类数据特征最相似的 K 个数据，看看哪些类别比较多，最后就预测它属于哪种类型。

例如：用 K 近邻算法预测电影 10 是什么类型，其实就是计算电影 10 与哪种类型电影的相似度最高，如图 11-2 所示。

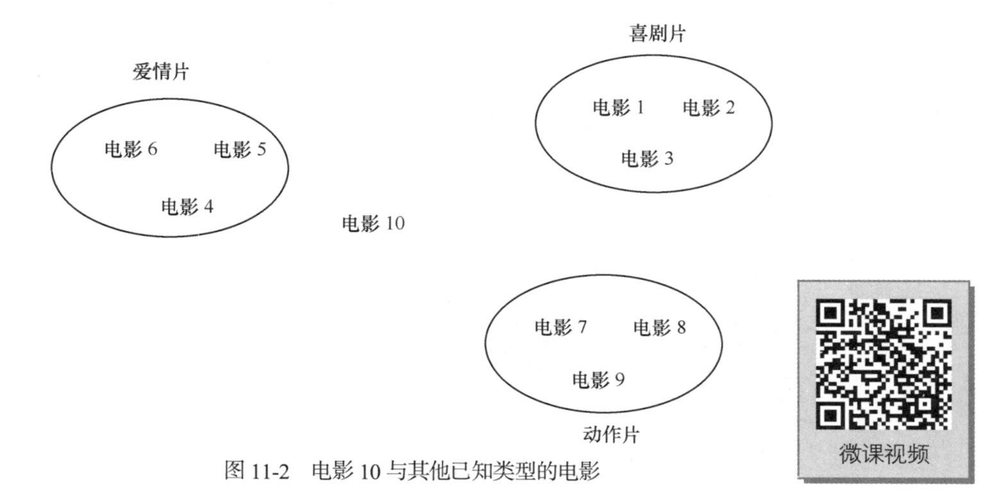

图 11-2　电影 10 与其他已知类型的电影

但是问题来了，怎么对电影特征数据的相似度进行计算呢？

11.1.3 计算两部电影之间的相似度

可以使用欧式距离公式计算两个特征之间的相似度，两个特征之间的欧式距离越小则两个数据越相似。欧式距离 d 的计算公式如下：

$$d=\sqrt{\sum_{i=1}^{n}\left(x_i-y_i\right)^2}$$

$$x=\left(x_1,x_2,x_3,\cdots,x_n\right)$$

$$y=\left(y_1,y_2,y_3,\cdots,y_n\right)$$

通过上述公式我们可以编写程序计算电影 10 和电影 1 的欧式距离。

```
# 导入NumPy，NumPy是Python中用于科学计算的基础软件包
import numpy as np
# 参数10、2、2分别表示电影1的3个特征（搞笑镜头、亲密镜头、动作镜头的数目）
mv1 = np.array([10, 2, 2])
mv10 = np.array([1, 9, 1])
diff = mv1 - mv10          # 计算差，对应 xi - yi
double_diff = diff**2       # 计算差的平方，对应 (xi - yi)的平方
sum_of_double_diff = double_diff.sum() # 差的平方和对应求和
dist = np.sqrt(sum_of_double_diff)     # 计算平方根
print(dist)  # 输出电影1和电影10的欧式距离
```

运行结果如下。

```
11.445523142259598
```

通过欧式距离公式，我们可以得知电影 10 和电影 1 的欧式距离（可以理解为相似度）约为 11。

接下来可以使用同样的方法计算电影 10 与其他电影的距离，代码如下。

```
# 计算距离
import numpy as np

# 定义电影 1～10 的特征向量
mv1 = np.array([10, 2, 2])
mv2 = np.array([11, 1, 2])
mv3 = np.array([9, 3, 3])
mv4 = np.array([2, 10, 1])
mv5 = np.array([1, 11, 2])
mv6 = np.array([3, 9, 3])
mv7 = np.array([0, 2, 10])
mv8 = np.array([2, 1, 11])
mv9 = np.array([3, 3, 9])
mv10 = np.array([1, 9, 1])

mvs = [mv1,mv2,mv3,mv4,mv5,mv6,mv7,mv8,mv9]

# 将计算出来的欧式距离存入该列表
distances = []

# 计算距离
def distance(mv1,mv2):
  diff = mv - mv2
  double_diff = diff*diff
  sum_of_double_diff = double_diff.sum()
  return np.sqrt(sum_of_double_diff);

for mv in mvs:
  dis = distance(mv,mv10)
  distances.append(dis)

# 输出计算的欧式距离
for dis in distances:
   print(dis)
```

运行结果如下。

```
11.445523142259598
12.84523257866513
10.198039027185569
1.4142135623730951
2.23606797749979
2.8284271247461903
11.445523142259598
12.84523257866513
10.198039027185569
```

11.1.4 K 近邻算法实现过程

现在通过欧式距离公式我们已经能计算出电影 10 与其他电影的相似度。接下来可以找出距离最近的 *K* 部电影，看看它们的类型是什么。

将电影 10 与其他电影的距离（保留八位小数）加到前面的表格中，如表 11-2 所示。

表 11-2　电影 10 与其他电影的距离

电影名称	搞笑镜头	亲密镜头	动作镜头	电影类型	与电影 10 的距离
电影 1	10	2	2	喜剧片	11.44552314
电影 2	11	1	2	喜剧片	12.84523258
电影 3	9	3	3	喜剧片	10.19803903

续表

电影名称	搞笑镜头	亲密镜头	动作镜头	电影类型	与电影 10 的距离
电影 4	2	10	1	爱情片	1.414213562
电影 5	1	11	2	爱情片	2.236067977
电影 6	3	9	3	爱情片	2.828427125
电影 7	0	2	10	动作片	11.44552314
电影 8	2	1	11	动作片	12.84523258
电影 9	3	3	9	动作片	10.19803903

接下来我们将表 11–2 的数据按照与电影 10 的距离值进行升序（从小到大）排序，如表 11–3 所示。

表 11-3 排序后距离

电影名称	搞笑镜头	亲密镜头	动作镜头	电影类型	与电影 10 的距离
电影 4	2	10	1	爱情片	1.414213562
电影 5	1	11	2	爱情片	2.236067977
电影 6	3	9	3	爱情片	2.828427125
电影 3	9	3	3	喜剧片	10.19803903
电影 9	3	3	9	动作片	10.19803903
电影 1	10	2	2	喜剧片	11.44552314
电影 7	0	2	10	动作片	11.44552314
电影 2	11	1	2	喜剧片	12.84523258
电影 8	2	1	11	动作片	12.84523258

然后取出与电影 10 距离最短的前 K 个数据，在这里我们设 K 值为 4，即选取与电影 10 最近的 4 部电影，如图 11–3 和图 11–4 所示。

注意

K 值的选取一般要小于训练样本数的平方根。这个案例我们直接取 4。

K=4，取前 4 个数据

电影名称	搞笑镜头	亲密镜头	动作镜头	电影类型	距离
电影 4	2	10	1	爱情片	1.414213562
电影 5	1	11	2	爱情片	2.236067977
电影 6	3	9	3	爱情片	2.828427125
电影 3	9	3	3	喜剧片	10.19803903
电影 9	3	3	9	动作片	10.19803903
电影 1	10	2	2	喜剧片	11.44552314
电影 7	0	2	10	动作片	11.44552314
电影 2	11	1	2	喜剧片	12.84523258
电影 8	2	1	11	动作片	12.84523258
电影 10	1	9	1	?	

图 11-3 取距离最近的 K 个数据

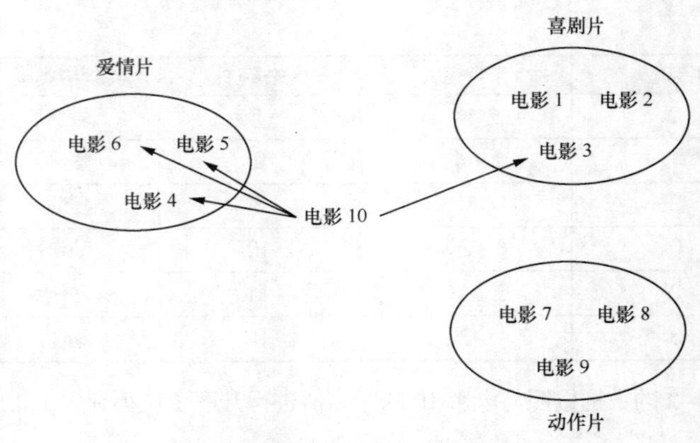

图 11-4　电影 10 与其他电影的距离

当 K 取 4 的时候，包含 3 部爱情片和 1 部喜剧片。

由此可以得出：

$$电影10为爱情片的概率 = \frac{3部爱情片}{4部电影} = \frac{3}{4}$$

$$电影10为喜剧片的概率 = \frac{1部喜剧片}{4部电影} = \frac{1}{4}$$

最后可以得出结论：因为 $\frac{3}{4}(爱情片) > \frac{1}{4}(喜剧片)$，所以电影 10 属于爱情片，完成电影分类。

综上，我们可以将 K 近邻算法的实现过程总结如下。

（1）计算测试对象到数据集中每个对象的距离。

（2）按照距离值进行升序排序。

（3）选择距离最近的 K 个对象。

（4）统计这 K 个对象的类别概率。

（5）K 个对象中概率最高的类别即为测试对象的类别。

11.1.5　使用 K 近邻算法实现电影分类

现在我们来编写 K 近邻算法对电影分类的完整代码。

第一步：计算电影 10 与所有电影的欧式距离，代码已在 11.1.3 小节中提供。

第二步：对所有的距离进行排序，然后取前 K 个数据。代码如下。

```
k = 4
# 每个电影的类型标签
type_list = ['喜剧片','喜剧片','喜剧片','爱情片','爱情片','爱情片','动作片','动作片','动作片']

# 间接排序，获取的是排序后列表的索引
sorted_indexes = distances.argsort()

match_count = {} # 统计每个种类出现的次数
for i in range(k):
   match_class = type_list[sorted_indexes [i]]
   if match_class in match_count.keys():
      match_count[match_class] = match_count[match_class] + 1
   else:
```

```
        match_count[match_class] = 1
print(match_count)
```

运行结果如下。

```
{'爱情片': 3, '喜剧片': 1}
```

通过上面的步骤完成了统计类别出现的次数。那电影分类的任务是不是已经完成了呢？其实还没有，这里得到的结果是一个字典。在 Python 中，字典是无序的，也就是说现在还不能通过“match_count[0]”取得出现次数最多的电影类别。所以还需要对字典进行排序，从而取得出现次数最多的电影类别。

第三步：对字典进行排序（字典可以使用 sorted()函数排序），代码如下。

```
# 对字典进行排序，次数由多到少
# sorted()可以对字典排序
match_count_in_order = sorted(match_count.items(), key= \
      lambda item: item[1], reverse = True)

decided = match_count_in_order[0][0]  # 次数最多的电影类别
print(decided)
```

运行结果如下。

```
爱情片
```

将上述 3 个步骤中的代码整合到一个程序中，就可以将电影 10 的类别分析出来了，这就是一个简单的机器学习程序。

课后练习

请编写代码对表 11-4 中的电影 10、电影 11 和电影 12 进行分类。

表 11-4 电影数据

电影名称	搞笑镜头	亲密镜头	动作镜头	电影类型
电影 1	10	2	2	喜剧片
电影 2	11	1	2	喜剧片
电影 3	9	3	3	喜剧片
电影 4	2	10	1	爱情片
电影 5	1	11	2	爱情片
电影 6	3	9	3	爱情片
电影 7	0	2	10	动作片
电影 8	2	1	11	动作片
电影 9	3	3	9	动作片
电影 10	20	14	5	
电影 11	9	5	4	
电影 12	5	5	10	

任务 11.2 使用机器学习库 scikit-learn 对电影分类

在任务 11.1 中，我们通过编写 K 近邻算法对电影进行了分类。

其实在日常开发的过程中，很多时候不需要我们自己去手写算法，因为常用的机器学习算法已经被第三方库封装好了，例如 scikit-learn、TensorFlow、Keras 等。

在这个任务中，将使用机器学习的第三方库——scikit-learn（sklearn）对电影类型进行识别。

11.2.1 scikit-learn 的安装与使用

安装 scikit-learn，可以在“命令提示符”窗口执行如下命令。

```
pip install -U scikit-learn
```

注意

如果安装失败，可能需要先安装 NumPy 和 SciPy。

安装完成后就可以开始使用 scikit-learn，例如导入 scikit-learn（sklearn）中的 K 近邻算法。

```
# 导入 sklearn
from sklearn import neighbors

# 取得 K 近邻分类器
# n_neighbors = 4 表示设置 k 值为 4，k 值默认为 5
knn = neighbors.KNeighborsClassifier(n_neighbors = 4)
```

11.2.2 使用 scikit-learn 对电影分类

首先来回顾一下要解决的问题。

电影数据如表 11-1 所示，现在请你使用机器学习算法判断电影 10 是什么类型的电影。

接下来编写代码，使用 scikit-learn（sklearn）来完成电影分类。

```
import numpy as np
# 导入 sklearn
from sklearn import neighbors

# 取得 K 近邻分类器。n_neighbors = 4 表示设置 k 值为 4，k 值默认为 5
knn = neighbors.KNeighborsClassifier(n_neighbors = 4)

movies = [[10,2,2],[11,1,2],[9,3,3],[2,10,1],[1,11,2]
    ,[3,9,3],[0,2,10],[2,1,11],[3,3,9]]

# 特征向量
data = np.array(movies)

# 标记数据：1 为喜剧片，2 为爱情片，3 为动作片
labels = np.array([1,1,1,2,2,2,3,3,3])
# 电影 10
movie = np.array([[1,9,1]])
# 训练模型
knn.fit(data, labels)

# 预测结果
result = knn.predict(movie)
print(result)
```

运行结果如下。

```
[2]
```

运行结果中的“2”表示电影 10 为爱情片，你现在是不是发现利用第三方库实现一个机器学习算法竟然如此简单！

注意 使用第三方机器学习库可以极大简化算法实现的过程。机器学习库中还有很多厉害的算法等着你去探索!

课后练习

请使用 scikit-learn 对表 11-4 的电影 10、电影 11 和电影 12 进行分类。

任务 11.3 机器学习中的重要概念

经过任务 11.1 和 11.2，我们已经学习了如何使用机器学习解决电影分类的问题。你已经知道机器学习算法可以解决分类问题，即对某些具有特定特征的数据进行分类。

但是机器学习并不只有分类这一项功能，它还可以解决聚类和回归问题。而机器学习的学习方式分为 3 种：监督学习、无监督学习、半监督学习。

在这个任务中，你的目标就是弄清楚以下 3 个问题。

（1）机器学习具体能解决什么问题？

（2）机器学习能完成哪些工作？

（3）机器如何学习？

11.3.1 机器学习可以解决的三大问题

机器学习能够解决很多种现实生活中的问题，如果对这些问题进行归纳总结，我们会发现机器学习大致可以解决三种问题，分别为：分类问题、回归问题和聚类问题。

11.3.1.1 分类问题

机器学习能解决的第一个问题就是分类问题。分类问题的核心是利用模型来判断一个数据的类别。例如对数码产品进行分类，如图 11-5 所示。

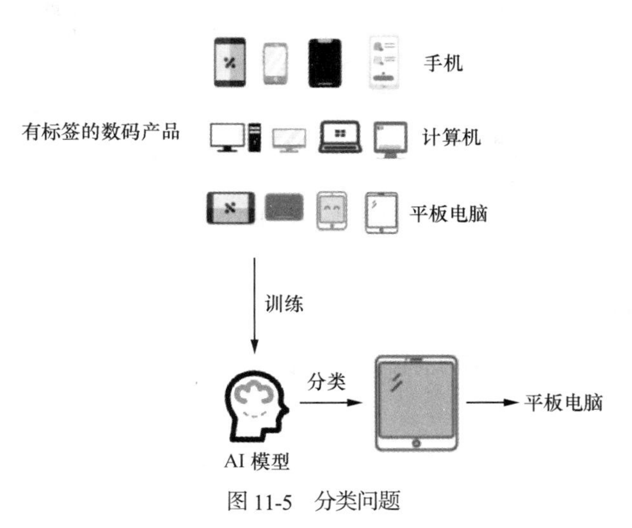

图 11-5 分类问题

11.3.1.2 回归问题

机器学习要解决的第二个问题是回归问题。回归问题的核心是利用模型来输出一个预测的数值，这个数值一般是一个实数。

例如，在这里我们虽然不知道训练数据中数码产品的名字，但是知道这些数码产品的价格，使用回归方法就可以预测另一个具有类似特征数码产品的价格是多少，如图 11-6 所示。

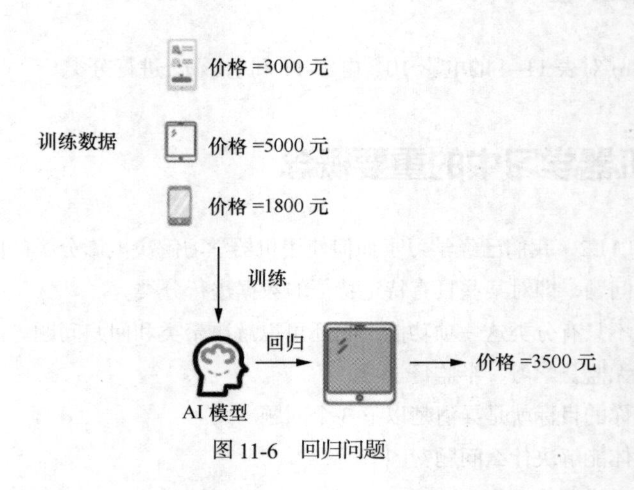

图 11-6　回归问题

11.3.1.3 聚类问题

机器学习要解决的第三个问题是聚类问题。聚类问题的核心就是按照某个特定标准（如距离）把一个数据集分割成不同的类或簇。使得同一个簇内的数据对象的相似性尽可能大，而不在同一个簇中的数据对象的差异性也尽可能大，即聚类后同一类的数据尽可能聚集到一起，不同数据尽量分离。

例如，对数码产品进行聚类，虽然我们不知道训练数据中数码产品的类型（数据没有标记），但是同样可以对它们进行聚类，将相似的数码产品分到同一个类别中，如图 11–7 所示。

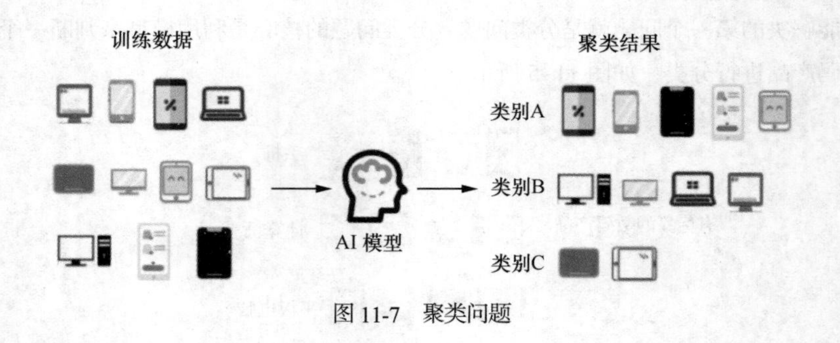

图 11-7　聚类问题

11.3.2 常用的机器学习算法

机器学习算法的种类非常多，不同的算法所能够解决的问题也不尽相同，常用的机器学习算法如图 11–8 所示。

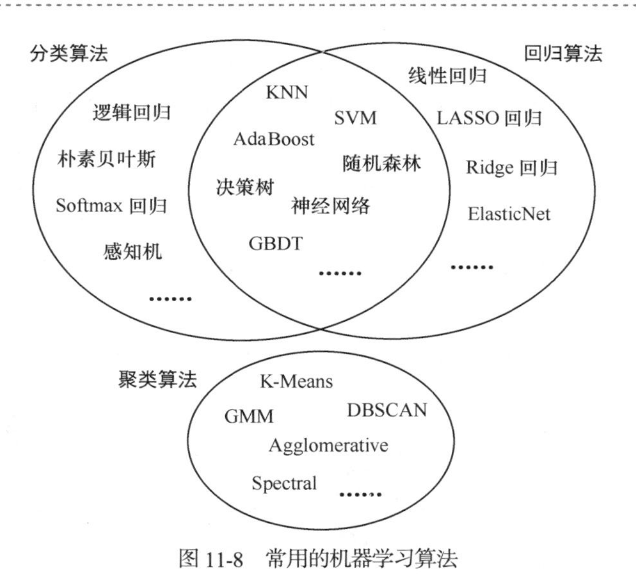

图 11-8 常用的机器学习算法

11.3.3 机器如何学习

机器是如何学习的呢?

机器学习主要有 3 种模式：监督学习、无监督学习和半监督学习。在这里我们重点了解监督学习和无监督学习。

11.3.3.1 监督学习

监督学习是利用一组已知类别的样本调整分类器的参数，使其达到所要求性能的过程，也称为监督训练或有教师学习。监督学习的训练阶段一般从给定的训练数据集中学习出一个函数（模型）。有了函数之后，当新的数据到来时，可以根据这个函数预测结果。

举个简单的例子：学生跟着老师学习，在学习的时候一般是有标准答案的，老师会告诉你错了还是对了，这样你下次遇到类似的题目就知道选择什么了，这可以看成监督学习。

> **注意** **读到这里，你应该已经意识到了为什么在实现分类电影时需要将数据划分成特征和标签两个部分。因为特征就相当于学习时做的练习题，而标签则相当于练习题的标准答案。**

机器学习中的分类问题和回归问题都属于监督学习，用来训练模型的数据都是有标签的，如图 11-9 所示。

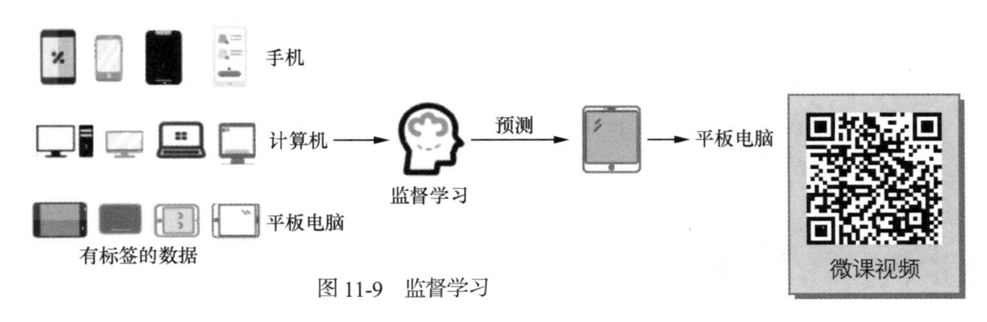

图 11-9 监督学习

11.3.3.2 无监督学习

现实生活中常常会有这样的问题：由于缺乏足够的先验知识，因此难以人工标注类别或进行人工类别标注的成本太高。很自然地，我们希望计算机能代替我们完成这些工作，或至少提供一些帮助。根据类别未知（没有被标记）的训练样本解决模式识别中的各种问题，称为无监督学习。

举个例子，大学生在专业学习的过程中，需要在课外涉猎更多的专业技术。这种情况一般是没有老师指导的，需要学生自学。学生在自学的过程中，有时不知道做题的标准答案是什么，需要自己进行判断、归纳和总结。

无监督学习中，类似分类和回归中的目标变量事先并不存在。要回答的问题是从数据中能发现什么规律和共性。

机器学习中的聚类问题属于无监督学习，如图 11-10 所示。

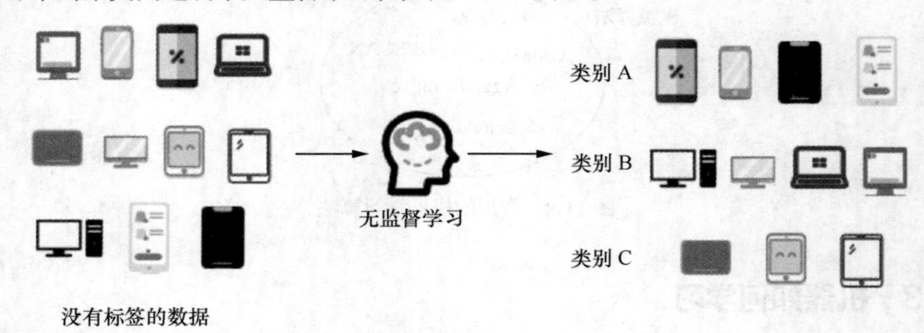

图 11-10　无监督学习

11.3.3.3　有监督学习和无监督学习的区别

有监督学习和无监督学习的区别是：是否有训练样本用于训练。

监督学习的过程为：有训练样本用于训练→得到模型→利用这个模型对未知数据分类。

无监督学习的过程为：事先没有任何训练样本，而直接对数据进行建模。例如我们去参观一个画展，我们可能一开始对艺术一无所知，但是欣赏完很多幅作品之后，我们面对一幅新的作品时，至少可以知道这幅作品是什么风格的，比如更抽象还是更写实，虽然不能很清楚地了解这幅画的含义，但是至少我们可以把它分为某一类。

课后练习

1. 在无人驾驶时，希望程序能够根据路况决定汽车的方向盘的旋转角度，那么该任务是________。

A. 分类　　B. 回归　　C. 聚类　　D. 降维

2. 【多选】我们现在手头上有大量的动物图片，为了方便处理，我们想将同一种动物的图片放到同一个文件夹，这是一个________问题。

A. 聚类　　B. 回归　　C. 分类

D. 监督学习　　E. 无监督学习

项目小结

本项目我们编写了一个机器学习入门程序来进行电影分类。

本项目学习的主要内容包括以下几点。

1. 掌握了机器学习的定义，即让计算机程序进行学习。

2. 理解了机器学习的流程，即针对某一个特定的任务，获取该任务相关的数据，通过这些数据的特征训练出一个模型，最后通过模型去完成分类、回归、聚类等工作。

3. 理解了 K 近邻算法的流程和基本原理，并掌握了如何使用 Python 来实现 K 近邻算法。

4. 了解了监督学习和无监督学习之间的区别主要在于数据有没有标记。

项目习题

微课视频

1. 使用机器学习算法对手写字进行分类，判断用户手写的数字是多少（手写数字数据集见本书配套资源）。

2. 向一位不懂机器学习的朋友解释机器学习可以解决的三大问题。